国外油气勘探开发新进展丛书 二十二

GUOWAIYOUQIKANTANKAIFAXINJINZHANCONGSHU

EXPERIMENTAL DESIGN IN PETROLEUM RESERVOIR STUDIES

油藏建模与数值模拟最优化设计方法

【加】Mohammad Jamshidnezhad 著

焦玉卫 赵 航 夏 静 孙 挺 译

石油工业出版社

内 容 提 要

本书重点论述了油藏地质模型、动态模型建立过程中始终存在的不确定性因素，并通过设计实验模型、优化分析不确定性、提出最优解决方案的一系列方法，以将不确定性程度降至最低。通过油藏地质建模与数值模拟中参数与结果不确定性分析，介绍了应用因子设计、Plackett – Burman 和 Box – Behnken 等实验设计方法，采用数学与统计学相结合的数值模型优化算法，使模型参数无限接近实际油藏，模型的预测结果也更加准确。

本书适合从事油藏建模与数值模拟的高级油藏工程师参考阅读。

图书在版编目（CIP）数据

油藏建模与数值模拟最优化设计方法／（加）穆罕默德·贾姆希德内扎德著；焦玉卫等译. —北京：石油工业出版社，2020.12

（国外油气勘探开发新进展丛书；二十二）

书名原文：Experimental Design in Petroleum Reservoir Studies

ISBN 978 – 7 – 5183 – 4399 – 7

Ⅰ. ① 油… Ⅱ. ① 穆… ② 焦… Ⅲ. ① 石油天然气地质 – 建立模型 – 研究 ② 油藏数值模拟 – 研究 Ⅳ. ① P618.130.2 ② TE319

中国版本图书馆 CIP 数据核字（2020）第 256559 号

北京市版权局著作权合同登记号：01 – 2021 – 0103

出版发行：石油工业出版社

（北京安定门外安华里 2 区 1 号楼　100011）

网　　址：www. petropub. com

编辑部：（010）64523537　图书营销中心：（010）64523633

经　销：全国新华书店

印　刷：北京中石油彩色印刷有限责任公司

2020 年 12 月第 1 版　2020 年 12 月第 1 次印刷

787×1092 毫米　开本：1/16　印张：10.25

字数：230 千字

定价：100.00 元

（如出现印装质量问题，我社图书营销中心负责调换）

版权所有，翻印必究

序

"他山之石，可以攻玉"。学习和借鉴国外油气勘探开发新理论、新技术和新工艺，对于提高国内油气勘探开发水平、丰富科研管理人员知识储备、增强公司科技创新能力和整体实力、推动提升勘探开发力度的实践具有重要的现实意义。鉴于此，中国石油勘探与生产分公司和石油工业出版社组织多方力量，本着先进、实用、有效的原则，对国外著名出版社和知名学者最新出版的、代表行业先进理论和技术水平的著作进行引进并翻译出版，形成涵盖油气勘探、开发、工程技术等上游较全面和系统的系列丛书——《国外油气勘探开发新进展丛书》。

自 2001 年丛书第一辑正式出版后，在持续跟踪国外油气勘探、开发新理论新技术发展的基础上，从国内科研、生产需求出发，截至目前，优中选优，共计翻译出版了二十一辑 100 余种专著。这些译著发行后，受到了企业和科研院所广大科研人员和大学院校师生的欢迎，并在勘探开发实践中发挥了重要作用。达到了促进生产、更新知识、提高业务水平的目的。同时，集团公司也筛选了部分适合基层员工学习参考的图书，列入"千万图书下基层，百万员工品书香"书目，配发到中国石油所属的 4 万余个基层队站。该套系列丛书也获得了我国出版界的认可，先后四次获得了中国出版协会的"引进版科技类优秀图书奖"，形成了规模品牌，获得了很好的社会效益。

此次在前二十一辑出版的基础上，经过多次调研、筛选，又推选出了《寻找油气之路——油气显示和封堵性的启示》《油藏建模与数值模拟最优化设计方法》《油藏工程定量化方法》《页岩科学与工程》《天然气基础手册(第二版)》《有限元方法入门(第四版)》等 6 本专著翻译出版，以飨读者。

在本套丛书的引进、翻译和出版过程中，中国石油勘探与生产分公司和石油工业出版社在图书选择、工作组织、质量保障方面积极发挥作用，一批具有较高外语水平的知名专家、教授和有丰富实践经验的工程技术人员担任翻译和审校工作，使得该套丛书能以较高的质量正式出版，在此对他们的努力和付出表示衷心的感谢！希望该套丛书在相关企业、科研单位、院校的生产和科研中继续发挥应有的作用。

中国石油天然气股份有限公司副总裁　李鹭光

译 者 前 言

油气田开发是对油藏认识逐步深入的过程，通常经历数十年的时间。从勘探初期获取宏观的构造、储层、流体信息，到进入评价、开发阶段进一步掌握更准确的构造变化、储层非均质特征、流体类型及分布特征，都是对复杂的、无法直接观测的地下油藏的进一步提高认识过程。其中包括开发过程中录取到的岩心、流体样品、压力测试、产量测试、饱和度测试等资料，获取的所有资料均用于尽可能准确的描述地下油藏的真实状态。

建立在油藏描述基础上的地质建模、数值模拟技术是目前油气田开发中最常用的手段。而数值模拟即是将所获取的静态、动态资料数字化后，再现油藏原始状态及模拟开发过程中动态变化的技术。近年来，随着大数据、计算机技术的发展，研发出了一些新一代大型数值模拟软件，能够更为快速、精确的运算更大规模网格数量的模型，增加了对储层非均质性描述的能力。通过数值模拟的方法可以方便的模拟不同非均质性特征、不确定参数对开发动态的影响，也是目前开发方案设计最主要的手段之一。

本书的主要目的就是分析油藏的不确定性，并通过实验设计的分析方法，来优选影响油藏开发动态的敏感性参数，以便合理的模拟动态特征，并优化开发策略获得最优的采收率。本书首先介绍了储层特征以及油藏模拟、实验设计的重要性，然后从地质建模基础数据开始分析了油藏描述、地质模型建立、动态模型建立的一般流程。重点阐述了输入数据的不确定性，以及各种实验设计方法，其中一些实验设计方法已应用在数值模拟软件中，应用更为方便。最后用六个实例分析详细展示了实验设计方法在具体模拟研究中的应用，具有较强的参考价值。本书内容也体现了地质油藏一体化的特点，体现了油藏开发动态分析、数值模拟与地质特征相结合的重要性。

本书的翻译由中国石油勘探开发研究院夏静组织并负责第 1 章内容翻译，焦玉卫负责第 2 章翻译，中国石油大学（北京）孙挺负责第 3 章翻译，赵航、别爱芳负责第 4 章翻译。全书由焦玉卫统稿，中国石油勘探开发研究院李保柱教授进行了审校，同时中国石油勘探开发研究院王家宏教授对本书的翻译提供了许多宝贵建议，在此一并表示感谢。

由于译者水平有限，书中难免存在不足或不准确之处，恳请广大读者批评指正。

前　　言

　　油藏工程是高等院校最具吸引力的专业之一,因为该专业大多数毕业生在石油公司的不同领域找到了较好的工作,如油气储量估算、可采储量估算、提高采收率方法研究和油藏管理等。

　　油藏工程师的主要职责之一是充分认识研究油藏,从油藏勘探开始,一直持续到油藏的废弃。油藏研究是一个连续的过程,这意味着在投产一段时间后,应进行更新研究。

　　油藏研究从油藏描述开始,即收集数据(地质、地球物理、钻井和生产数据)并建立地质模型。精细地质模型需要进行粗化,并据油藏原始条件进行初始化建立动态模型,然后在油藏模拟器上运行动态模型,并将模型结果与现场观测数据进行对比,油藏研究的这一步骤称为历史拟合。如果拟合结果合理,并且模型计算的动态数据与实际油藏数据相近,便可用于油藏的动态预测。由于油藏的复杂性及有限的信息和数据,油藏描述并不能做到全面且精准,即油藏描述中存在不确定性,并且油藏工程师无法确定地定义一个油藏模型。油藏建模的不确定性给合理的历史拟合和预测阶段的研究带来了困难,但通过量化和分析这些不确定性因素可以缓解这一困难。

　　本书的重点是通过实验设计来分析和量化这些不确定性。本书分为4章,第1章介绍了油气藏概况,第2章讨论油藏建模,第3章阐述了油藏建模中的不确定性因素以及实验设计方法,最后在第4章讨论了6个实例,其中5个实例使用了黑油模型模拟器,第六个实例使用了热采模型模拟器。这些实例涵盖了多个油藏类型的研究:两个常规油藏,一个裂缝性碳酸盐岩油藏,一个采用蒸汽辅助重力驱(SAGD)的稠油油藏,一个采用混相水气交替驱(WAG)的油藏及一个采用水力压裂的页岩油气藏。

　　最后但也同样重要的一点,要感谢 Mehran Pooladi – Darvish 教授(Fekete Associate Inc.)提出了这本书所采用的一些理念。同时还要感谢伊朗国家南石油公司(NISOC)石油工程部的所有高级油藏工程师,他们提供了第二个研究案例的一些数据。最后,还要感谢 Alireza Jamshidnejad 博士给予的修改意见。

作者简介

Mohammad Jamshidnezhad 是一名高级油藏工程专家，有过 14 年碳酸盐岩和砂岩油藏研究经验，尤其擅长提高采收率（EOR）、PVT 分析油藏模拟和油藏建模不确定性分析。获得过伊朗德黑兰大学化学工程博士学位，2003 年成为澳大利亚科廷理工大学（Curtin University of Technology）石油工程系研究学者，2007 年至 2008 年间，受聘于荷兰代尔夫特理工大学（Delft University of Technology）地球科学与工程系石油工程专业，从事水与天然气同时注入项目的研究。讲授过油藏模拟、PVT 和油藏建模不确定性分析等课程，同时也是一些期刊的评审和国际会议论文的作者。

目　　录

1 概　述

1.1 油藏

大多数石油地质学家认为,原油是埋藏的有机质经成岩作用(岩石压实过程中,导致岩石的物理和化学性质发生变化)形成的,这也是沉积岩的重要特征。根据石油地质学家的观点,石油圈闭的形成需要满足以下5个条件(Selley,1998):

（1）富含生成碳氢化合物的有机质烃源岩;

（2）烃源岩被加热到足以释放原油;

（3）收集释放的碳氢化合物的储层,应具有足够的孔隙性和渗透性,以储存和转移碳氢化合物;

（4）该储层必须具有不可渗透的盖层,以防止油气逸出地表;

（5）烃源岩、储层和盖层的分布位置应有利于捕获且保存油气。

理论上,任何沉积岩都可能是油气藏,但实际上只有砂岩(主要由石英构成的碎屑沉积岩)和碳酸盐岩(由方解石或白云石组成)是世界上主要的油气资源。在一些地区还有页岩(一种由黏土组成的细粒岩石)油气藏。

与砂岩储层相比,碳酸盐岩储层对成岩作用过程较为敏感,其储层性质在很大程度上取决于成岩作用过程中的某些因素。成岩作用导致碳酸盐岩生成裂缝、白云岩化、溶蚀和胶结作用。其中一些过程,如生成裂缝和白云岩化,可以改善储层品质。一般来说,砂岩储层比碳酸盐岩和页岩储层具有更好的储层品质。

1.2 储层岩石特性

在研究油气藏时,需对储层岩石的不同性质进行描述。这些性质包括:矿物类型、粒度大小、孔隙度、渗透率、声学性质、电学性质、放射性、磁性和力学性质。

矿物类型和粒度大小:石英和方解石是储层岩石中最常见的矿物,微量矿物通常以单个颗粒或胶结物的形式存在。颗粒大小和分选差异很大,储层品质往往随着颗粒的变小而降低。因此,非常细粒的岩石(如页岩)往往密封性好。

声学性质:声学测量包括声波和超声波范围,声波测量在油藏工程中最主要、也是最常规的应用是测定孔隙度。

电学性质:研究岩石的电学性质主要是为了确定地层电阻率和含水饱和度。

放射性:通过测量岩石中的放射性来估算地层的地质年龄和地层中页岩的体积。伽马测井(测量地层钾、钍和铀同位素天然放射性的工具)被用作油气藏研究中的泥质含量指标。

磁性:核磁共振(NMR)是电磁测井的一个分支,它测量的是多孔介质(储层)中,充满流体的孔隙空间中所包含的氢原子核的感应磁矩。核磁共振提供了以下信息:岩石孔隙体积(孔隙度)和分布(渗透率)、岩石组成、碳氢化合物的类型和规模。

力学性质:岩石的力学性质在地层评价、钻井、开发规划和生产中具有重要意义。这些性质在井眼稳定性分析、出砂预测、水力压裂设计与优化、压实/沉降研究、钻头选择、套管点选择和套管设计等方面非常重要。

孔隙度:通常岩石的孔隙中充满了原生水和碳氢化合物。孔隙度是孔隙体积与岩石体积的比值,通常以百分比表示。通常测量两个孔隙度值:总孔隙度和有效孔隙度。总孔隙度是指岩石体积中的空隙率,无论单个孔隙之间是否相互连通。有效孔隙度是连通的孔隙空间与岩石总孔隙的比值。油藏工程师关心的是有效孔隙度,通常情况下实验室测量的孔隙度都是有效孔隙度。

晶粒大小的均匀性、胶结程度、沉积期间和沉积后的压实量以及填充方法是决定孔隙度大小的因素(Tiab 和 Donaldson,2004)。

孔隙度可以在岩心实验室测量,也可以使用声波测井、地层密度测井和中子孔隙度测井进行估算(Tiab 和 Donaldson,2004)。在岩心实验室测量岩心体积、孔隙体积、岩石基质体积和束缚水饱和度。通过分析这些参数,计算出总孔隙度和有效孔隙度。通常,压汞测试和气体压缩/膨胀测试分别用于确定总孔隙度和有效孔隙度。

在声波测井中,测量声波穿过地层 1ft 所需的时间,这个传输时间与孔隙度有关。

在地层密度测井中,测量储层岩石的密度。使用岩石密度、基质密度和地层流体平均密度就可以计算储层孔隙度。

中子测井对地层中氢原子的数量很敏感。在中子测井中,中子源被用来测量材料中氢原子浓度与 75°F 纯水浓度的比值,这个比值(称为氢指数,HI)与孔隙度直接相关。

岩石颗粒的形状和大小、分层性、胶结性、裂缝性和溶解性是影响孔隙度大小的主要因素(Tiab 和 Donaldson,2004)。

渗透率:储层岩石的第二个主要特性是渗透率,仅次于孔隙度。仅有多孔介质对储层岩石来说是不够的,孔隙之间必须相互连通。渗透率是衡量岩石输送流体能力的一个指标。最初的关于渗透率的研究由达西于 1856 年完成。达西定律表述为:

$$U = \frac{K(p_1 - p_2)}{\mu L} \tag{1.1a}$$

渗透率(K)的单位是达西(D),它描述岩石的渗透性,表示黏度(μ)为 1cP 的流体在 1 个大气压降($p_1 - p_2$)下,沿 1cm 长的岩石(L),以 1cm/s 的速度(U)流动。大多数油气藏的渗透率远小于 1D,因此通常采用毫达西(0.001D,简称 mD)为单位。

对于通过多孔介质的层流气体,达西定律表达式如下:

$$U = \frac{K(p_1^2 - p_2^2)}{2\mu L p_{ave}} \tag{1.1b}$$

油气储层的渗透率是采用以下方法进行测量(或估算)的。

(1)利用试井资料。

在试井中,通过改变井的流量,将井底压力的变化记录为时间的函数。通过绘制记录的压力及其随时间的导数来分析压力变化。两种最常见的试井方法是压力恢复试井和压力降落试井。在压力恢复试井中,油井在生产一段时间后关闭,然后测量其压力。在压力降落试井中,压力是在关闭一段时间后打开的油井中测量的。

（2）岩心实验室测量渗透率。

已知气体（空气或氮气）以受控速度注入岩心，然后测量压降。利用达西定律[公式（1.1b）]计算渗透率，然后将其外推至压力倒数（$1/p$）的零值，以估算液体（油或水）渗透率。

在存在多个流体的情况下的渗透率称为有效渗透率。在这种情况下，任何相的有效渗透率与岩石的绝对渗透率之比称为该相的相对渗透率（K_r）。通过岩石的多相流达西定律公式如下：

$$Q_p = \frac{-KK_{rp}A}{\mu_p}\left(\frac{\mathrm{d}p}{\mathrm{d}x}\right)_p \tag{1.2}$$

其中下标 p 表示相态。

1.3 油藏储量计算

在油藏中，地层原始原油储量（OOIP）计算如下：

$$OOIP = V_b\phi(1 - S_{wc}) \tag{1.3}$$

式中 V_b——储层岩石的体积；

ϕ——储层岩石的平均孔隙度；

S_{wc}——储层岩石的平均束缚水饱和度。

体积 V_b 是通过地质、地球物理和流体压力分析得到的。$V_b\phi$ 为孔隙体积（PV），是流体可能占据的总体积。类似地，$V_b\phi(1 - S_{wc})$ 为碳氢化合物孔隙体积（HCPV），是可填充碳氢化合物的储层总体积。

使用公式（1.3）计算的含油体积是储罐条件下油藏原始原油储量（STOIIP），其表达式为：

$$STOIIP = N = \frac{V_b\phi(1 - S_{wc})}{B_{oi}} \tag{1.4}$$

式中 B_{oi}——初始原油体积系数。

尽管储层中的碳氢化合物数量是恒定的，但可采储量（即可采油气）取决于生产技术。理论上，可从油藏中采出的最大油量称为可动用储量 MOV，计算如下：

$$MOV = V_b\phi(1 - S_{or} - S_{wc}) \tag{1.5}$$

式中 S_{or}——残余油饱和度，取决于开采机理。

在油藏中，分别有三种油气开采机理。

（1）一次采收率或自然衰竭，其中碳氢化合物采出是通过油藏自身的能量来实现的。油藏自身能量来自以下一种或多种：气顶膨胀（气顶驱动）、含水层膨胀（水驱动）、孔隙压实、原油膨胀、溶解气弹性能量。

（2）二次采油，即通过向储层注水或注入非混相气体（烃类气体如甲烷，或非烃类气体如氮气、二氧化碳）来增加采出的碳氢化合物的体积。水和非混相气的交替注入也是一种二次采油方式。

（3）提高采收率（EOR），通过向储层中注入化学物质（如表面活性剂）、热水、蒸汽来提高采出的碳氢化合物的体积。在提高采收率过程中，储层原油和岩石的化学和/或物理性质可能会发生变化。

1.4　储层非均质性

与均质油藏相比，非均质油藏的岩石物理性质随位置的变化而变化。储层物性变化越大，非均质性越强。实际油藏中的储层物性通常是变化的，意味着现实世界中不存在均质油藏。也就是说，所有的油气藏都是非均质性的，但不同油藏的非均质性程度不同。通常来讲，砂岩储层的非均质性程度通常小于碳酸盐岩储层。图 1.1 展示了一个渗透率从 10mD 到 1000mD 不等的典型非均质油藏。

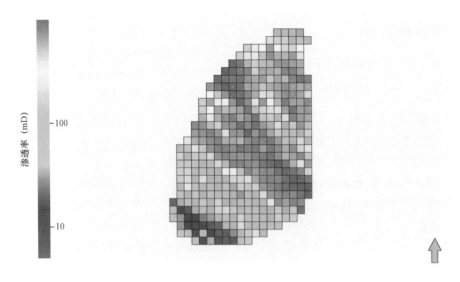

图 1.1　典型非均质性油藏的渗透率变化（俯视图）

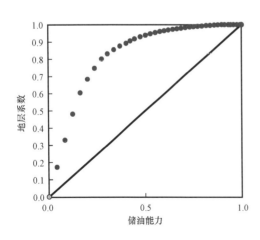

图 1.2　典型洛伦兹图

在油气藏属性参数中，储层岩石非均质性的影响比储层流体要大很多。Fanchi（2010）、Schulze – Riegert 和 Ghedan（2007）将储层岩石非均质性总结为四个层级：微观（$10 \sim 100\mu m$），宏观（$1 \sim 100cm$），大比例尺（$10 \sim 100m$）和千兆规模（大于 1000m 的规模）。应注意的是，沿储层水平方向的非均质性程度不同于垂直方向，某些性质，如孔隙度和渗透率在垂直方向上的非均质性程度较高。

有几种方法可以确定非均质性的程度，洛伦兹法便是一种常用的方法，其中累积地层系数 $\sum(Kh)$ 与油藏的累积储油能力 $\sum(\phi h)$ 有关。图 1.2 展示了典型的洛伦兹图，该曲线偏离 45° 的程度越大，代表系统的非均质性就越大。

1.5　油藏模型

　　建立一个能够用于估算储量、预测油藏动态、提高产量和油田开发决策水平的油藏模型是油藏建模的重要意义。油藏模型的形状、大小和物理性质应能够代表所要研究的实际储层。可靠的油藏静态参数(如油气储量)和动态特征(例如生产井的产能变化)也可以通过合理的油藏模型得到。如果得到正确的油藏模型,油藏工程师可以预测不同开发方式下的油藏动态。

　　油藏建模的第一步是储层描述,在这一步收集、分析所需的数据,并构建静态模型。因此,要建立一个合适的油藏模型,有两个必要条件:(1)要知道储层的大小和性质(在储层建模中,这一阶段称为油藏描述);(2)要精确求解流体通过多孔介质的流动方程。在实际应用中,这些要求有一定的局限性:第一,没有人能够测量或检验所有的储层性质;第二,流体在多孔介质中流动的一些规律和现象描述仍然不完善。另外,求解流体流动方程的数值方法也有其自身的局限性。在这些局限性中,油藏描述阶段的局限性最大(或更为准确的说法是,不确定性最大)。

　　Schulze – Riegert 和 Ghedan(2007)提到了油藏建模中不确定性的三个来源:测量误差、数学误差和数据不完整性。在有压力和产液历史的已开发油藏,克服误差和不完整性的一种方法是调整油藏属性,使现场数据(压力和产液)与模型计算结果一致,这个方法叫作历史拟合。一旦模型计算的历史数据可以拟合现场数据,在未来的约束条件下,用它预测的生产动态,才可能与实际油藏相同。

　　然而,历史拟合有以下三个问题。

　　(1)流体流动方程的解是已知的(已知压力和产量数据),但输入参数(储层性质)是不确定的。因此,可以说历史拟合是一个反演问题,可以有多个解。图 1.3 展示了一个历史拟合案例,其中两个具有不同参数的模型的模拟结果都可以与观测数据拟合。

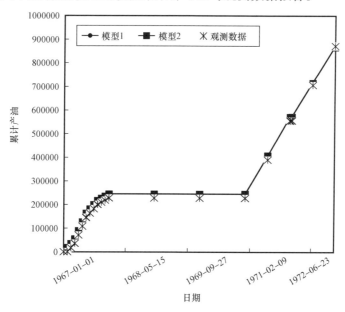

图 1.3　两个具有不同参数的模型拟合了观测数据

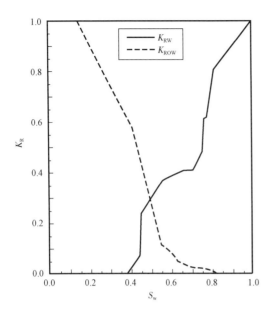

图1.4　历史拟合案例中水相对渗透率数据

（2）历史拟合十分耗时，占用了大量的储层研究时间。经验表明，油藏研究通常40%的时间花在历史拟合上。

（3）有时模型为实现历史拟合所需调整的储层性质不切合实际（Satter Thakur，1994）。例如图1.4描述了为了得到很好的历史拟合结果，模型所需的水相对渗透率数据。

在接下来的章节中，将详细介绍油藏建模和历史拟合的过程。

1.6　实验设计

实验设计是以最小的成本和时间获取储层认识和优化油藏的可行工具（Montgomery，2001），也是一种研究因果关系的统计方法（Lazić，2004）。

由于油藏的开发动态受多种因素相互作用的影响，因此可以采用实验设计来研究一个或多个因素对油藏动态的这种影响。图1.5展示了储层建模的一般流程，以及所需的动静态参数。

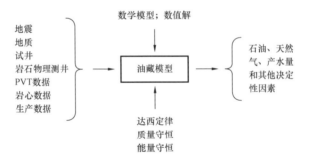

图1.5　储层建模流程

通过实验设计，油藏工程师可以对储层参数进行调整，调整影响最大的参数使油藏模型实现历史拟合，使油气产量最大化，使油藏处于最佳开发状态。

本书实例表明，实验设计可以用来改进储量估算精度，使历史拟合更加简单，使油藏生产动态预测更可靠，提高产量并就油田开发做出有效的决策。实验设计的方法将在第3章进行详细阐述。

2 储层地质建模与动态模型

2.1 导言

油藏建模是指建立一个用于估算储量、预测储层动态、提高产量和制定油田开发决策的油藏模型,其主要目的是进行油藏管理。油藏建模涉及不同学科的人员间的团队合作,包括地球物理、地质、岩石物理、数学、化学和石油工程等,共同构建相应的模型。

油藏建模主要有以下几个步骤:明确模型的目标;数据整理和数据分析;油藏地质模型建立;历史拟合;方案预测;结果报告。开展油藏研究的最重要一步是明确目标,模型的类型和边界、数据的数量、历史拟合的质量和方案预测都取决于研究的目标。在明确目标时,必须考虑开采机理、现有数据的数量和质量以及研究的时间安排。

确定研究目标的主要环节之一是确定油藏的开采机理,因为油藏建模只能解决有关生产历史的问题。即使油藏模型能够拟合油藏衰竭式开发的生产历史,二次采油和三次采油过程的模拟结果也并不可靠。这是因为一次采油(天然能量)的机理不同于二次采油和三次采油。例如,如果存在一个欠饱和油藏,其中含有一些不渗透的页岩层,并且没有活跃的水层,则油藏的主要能量来源是流体膨胀和孔隙压实。因此,页岩层在储层流体生产中并不重要。但是,如果在生产一段时间后转为注水开发(二次采油),不渗透页岩层的存在就很重要了。因此,为了从油藏模型中得到可靠的预测结果,相一致的历史参数是很重要的。在确定研究目标时,还应考虑可用数据的质量和数量,例如对于注气开发方案的数值模拟研究,可靠的气体相对渗透率数据和毛细管压力数据至关重要。

油气藏的动态特征可以通过三种方法来模拟:类比法、实验室法和数学法。类比方法是利用相似储层的储层特征,而不是原始储层,这种方法通常在原始储层资料贫乏的情况下采用。实验室方法是在实验室尺度上研究储层特征,然后将结果放大到实际储层尺度。在使用实验室方法时,从实验室尺度扩展到实际油藏尺度是一个非常挑战性的难题。在数学方法中,质量守恒方程、能量守恒方程、流体通过多孔介质的流动方程和达西定律都是通过数值和解析方法进行求解。1982 年,Odeh 提出了油藏数学建模的主要步骤:公式化(建立质量和/或能量平衡方程,利用经验规则)以推导偏微分方程(PDE),将 PDE 离散为代数方程,将代数方程线性化为线性方程,再求解线性方程(通过分析或数值技术)得到压力、饱和度分布和井产量,并对结果进行验证和应用。

2.2 储层建模数据来源

油藏建模将用到多方面数据,需要多个学科的专家(地球物理学家、地质学家、石油物理学家、钻井工程师、油藏工程师和工艺工程师)来提供数据。其中一些数据(地质、地球物理和岩石物理数据)是关于储层的静态数据(框架、构造和井位)。其他数据,如压力—体积—温度(PVT)和生产数据,提供了储层中流体的流动信息,称为动态数据。所提供数据的尺度也各有不同,有些数据具有点标度(几厘米,如岩石物理数据),而其他数据为区块数据(如地震数据、生产和试井数据)。Fanchi(2010)定义了储层建模的四个适用尺度:微观尺度(如薄片和颗粒性质)、宏观尺度(如岩石和流体性质)、超大尺度(如测井数据)和千兆尺度(如地球物理数据)。

Schulze – Riegert 和 Ghedan(2007),总结了油藏建模的不同数据来源。他们把数据源分为静态数据源和动态数据源。静态数据源是关于构造、储层厚度、储层流体接触关系、储层几何形态、沉积相、粒度分布和孔隙压缩性的数据来源,这些来源包括地球物理数据、测井数据、岩心数据、核磁共振(NMR)、薄片分析、特殊岩心分析、试井和相分析。

动态数据源提供有关流体组成、流体 PVT 特征、流体界面张力(IFT)数据、流体饱和度、润湿性、毛细管压力和相对渗透率数据的信息,动态数据源包括岩心数据、PVT 实验、测井数据、试井数据和特殊岩心分析。

2.3 油藏描述

油藏建模的第一步是油藏描述,即收集、分析所需数据,然后构建地质(静态)模型。静态模型是一种精细的网格模型,它准确、定量地描述了油藏的几何形态、物性分布和流动特征,是油藏建模最基础的一步。

油藏描述的基础数据包括地震数据、测井数据、岩心数据、试井数据、岩石和流体数据。此外,所有可用的钻井数据和地震解释数据也被用来约束模型。油藏模型构造、形态、岩石和流体性质应代表原始储层。

由于储层是非均质的,在描述整个储层的岩石和流体时,必须考虑流动单元的划分。每个流动单元具有相似的岩石物理性质(孔隙度、渗透率、压缩性、流体饱和度),并具有相似的地质特征(层理、矿物、沉积构造、接触关系、低渗透隔层)(Lake,1986;Fanchi,2010)。一个油藏可能包含多个流动单元,通过绘制归一化流动能力与深度的函数关系,流动单元的识别可以使用修正的洛伦兹图,该图斜率的变化被解释为流动单元的变化(Fanchi,2010)。图 2.1 展示了识别流动单元的典型示例。

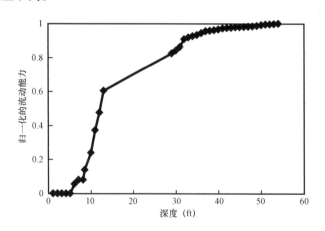

图 2.1 使用修正的洛伦兹图识别流量单位

2.3.1　地球物理和地质数据

地质和地球物理资料是建立油藏模型的基本要素。地球物理资料有助于识别储层边界，并确定油藏模型的构造变化特征，最常见的地球物理数据类型之一是地震数据。地震数据是通过在地表产生冲击波，传入地层，并测量（记录）波返回到地表的时间，这些记录随后由地球物理学家进行分析（处理）和解释。

地球物理学家利用地震剖面来建立油藏构造图（顶面和底面）、断层探测、层厚变化、层连续性和尖灭。如果在投产的油气藏重复进行地震勘探（延时地震或四维地震），可以通过比较重复的数据集来确定储层中发生的变化（例如流体饱和度的变化）。

地质学家在油藏特征描述阶段的研究内容归纳为四类（Harris，1975）。

岩石研究：研究岩性和沉积特征以确定储层岩石类型。

构造研究：建立三维油藏构造，研究储层物性的连续性和小层厚度的变化趋势。

储层属性研究：研究储层物性（如孔隙度、渗透率和毛细管压力）在整个储层中的分布规律。

综合研究：研究孔隙体积和流体传导性。

在所建立的地质模型中，需要根据实验数据估算相一致的岩石物理性质。由于有限的信息和数据，未知区域（未采样点）的储层性质需要依据已知区域（已采样点）进行估算。实际上，油藏描述通常用到统计学（这项技术被称为地质统计学，是研究空间分布特性的统计科学分支），其中假设数据之间存在某种类型的隐式关系。地质统计学的逻辑是，地质层面具有连续性，因此应该在空间上也有相关性（Davis，2002）。

变差函数（或半变差函数）是描述地质属性之间空间关系的最常用方法。假设在两个不同位置的地质属性（例如，孔隙度）的测量值距离为 x_i 和 $x_i + \Delta$。变异函数 $\gamma(\Delta)$ 定义为：

$$\gamma(\Delta) = \frac{1}{2n} \sum_{i=1}^{n-\Delta} (x_i - x_{i+\Delta})^2 \qquad (2.1)$$

其中 n 是点数。

随着两个值之间的距离（Δ）的增大，变差函数增大。变差函数通常从原点零开始，随着距离的增加而增加。变差函数的增加表明数据之间的关系变弱。变差函数变平的区域称为基台，基台区域开始的距离是变程，变程表征地质属性的各向异性。变程越短，属性的各向异性就越大。通常，对于地质属性，垂直方向的变程比水平方向的变程短。

现在考虑一个在油藏顶部 87m 处钻孔的孔隙度垂直变化的例子。通过使用声波测井测量每隔 10cm 地层的孔隙度，如图 2.2 所示。其目的是生成地层前 2m 的变差函数。图 2.3 显示了地层最初 2m 孔隙度的变差函数［使用公式（2.1）］。

在绘制变差函数与距离的关系时，可以发现有用的信息，帮助地质学家和油藏工程师完成油藏特征描述任务。变差函数在原点的表现和变程是两个重要参数，它们影响属性的地质连续性和空间上各向异性的程度。

地质学家确定了原点附近变差函数的四种主要特征类型（Sarma，2009）：抛物线特征（高度连续属性的特征）、线性特征（连续属性的特征）、块金效应（原点的不连续性表明采样误差或在短距离内精细尺度上属性的波动）和纯块金效应（平行于 x 轴的平面线代表纯随机属性）。

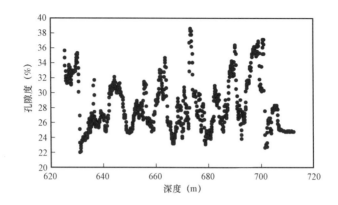

图 2.2　孔隙度随深度的变化关系

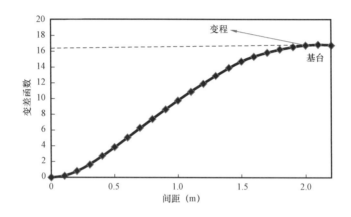

图 2.3　前 2m 的孔隙度变差函数

变程随方向的变化导致了三种可能:各向同性(所有方向上的变程都相同)、几何各向异性(变程随方向变化,但通过坐标的简单线性变换,变程可转变为各向同性)和带状各向异性(表示属性的强方向性变化)。

变差函数的建立是为了用来估计未采样点的值,变差函数的模型通常由球型、指数、高斯和线性四个连续函数之一的形式来表达(Davis,2002)。这些模型的方程如下:

球型模型:

$$\gamma(h) = (基台)\left[\frac{3h}{2(变程)} - 0.5\left(\frac{h}{变程}\right)^3\right] \tag{2.2}$$

指数模型:

$$\gamma(h) = (基台)\left[1 - \exp\left(\frac{-3h}{变程}\right)\right] \tag{2.3}$$

高斯模型:

$$\gamma(h) = (基台)\left\{1 - \exp\left[-\left(\frac{h}{变程}\right)^2\right]\right\} \tag{2.4}$$

线性模型:

$$\gamma(h) = (slop)h \tag{2.5}$$

在球面模型中,原点附近的变差函数具有线性,然后曲线上升到基台值并保持不变。

与球形模型一样,指数模型在原点附近呈线性,但是,曲线无法到达变程内的基台值,逐渐接近变程(即 h 接近正无穷大)。

高斯模型被用来模拟变差函数在原点的抛物线行为,根据高斯模型,地质特征在短距离内连续平稳上升(Davis,2002)。

图 2.4 显示了变差函数的典型球型、指数型和高斯模型。

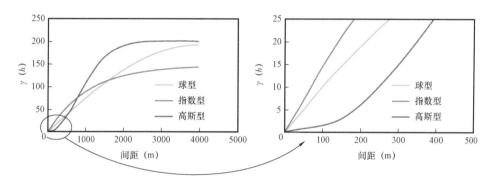

图 2.4 变差函数的典型模型球型、指数型和高斯型

线性方程是最简单的变差函数模型,这种模型永远不会到达基台值,同时无限上升。

为了估计未采样位置的地质特征,常采用 Kriging 技术(地质统计学中最常用的建模技术之一)进行预测。Kriging 与回归技术类似,它通过使用相邻位置的值、给相邻值赋予的权重(λ_i)和一个线性关系来估计未采样位置的值(Davis,2002):

$$X^*(u_0) = m\left(1 - \sum_{i=1}^{n}\lambda_i\right) + \sum_{i=1}^{n}\lambda_i X(u_i) \tag{2.6}$$

在公式(2.6)中,点位置 u_i 处的观测变量用 $X(u_i)$ 表示,$X^*(u_0)$ 是未取样位置 u_0 处变量的估计值。

在式(2.6)中,假设平均值 m 为常数。

Kriging 与线性回归的区别在于,Kriging 中的变量不是独立的。

使用以下约束估计权重(λ_i):

$$\sum_{i=1}^{n}\lambda_i \mathrm{cov}(u_i, u_j) = \mathrm{cov}(u_0, u_j) \tag{2.7}$$

其中 $\mathrm{cov}[X(u_i), X(u_j)]$ 是位于 u_i 和 u_j 的点之间的协方差值,$\mathrm{cov}[X(u_0), X(u_j)]$ 是未采样位置 u_0 和采样位置 u_j 之间的协方差值。

协方差是两个随机变量之间线性相关性的度量。对于 $X(x_i)$ 和 $Y(y_i)$ 的两个随机变量,计算如下:

$$\text{cov}(X,Y) = \frac{n\sum_{i=1}^{n} x_i \cdot y_i - \sum_{i=1}^{n} x_i \sum_{i=1}^{n} y_i}{n(n-1)} \tag{2.8}$$

公式(2.7)和公式(2.8)描述的一组方程通过联立可以求解权重 λ_i。

只要求得了未采样位置处的值,就可以使用以下公式找到估计值的标准误差(Davis,2002):

$$\sigma = \sqrt{\sum_{i=1}^{n} \lambda_i \text{cov}(u_0, u_i)} \tag{2.9}$$

在 Kriging 中,所要研究区域为均匀分布的数据才能得到良好的估计值。

Kriging 法可以用一个简单的例子来说明。假设在三口已钻井(W_1、W_2、W_3)的位置测量了储层的顶部深度,并希望在两个点 P_1 和 P_2 处估计顶部深度,如图 2.5 所示。

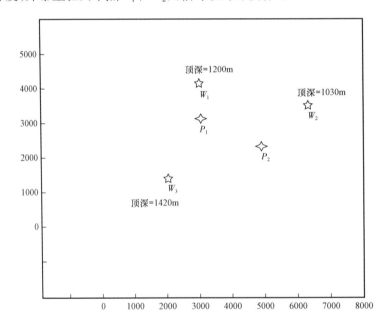

图 2.5　显示二口已钻井的井位和储层顶部深度的坐标图

对于位置 P_1,求解公式(2.7)以找到权重:

$$\lambda_1 \text{cov}(W_1,W_1) + \lambda_2 \text{cov}(W_2,W_1) + \lambda_3 \text{cov}(W_3,W_1) = \text{cov}(P_1,W_1)$$

$$\lambda_1 \text{cov}(W_1,W_2) + \lambda_2 \text{cov}(W_2,W_2) + \lambda_3 \text{cov}(W_3,W_2) = \text{cov}(P_1,W_2)$$

$$\lambda_1 \text{cov}(W_1,W_3) + \lambda_2 \text{cov}(W_2,W_3) + \lambda_3 \text{cov}(W_3,W_3) = \text{cov}(P_1,W_3)$$

使用公式(2.8)计算协方差,得到三个方程组,三个未知数:

$$13.42\lambda_2 + 11.52\lambda_3 = 4$$

$$13.42\lambda_1 + 19.14\lambda_3 = 13.3$$

$$11.52\lambda_1 + 19.14\lambda_2 = 7.89$$

通过求解这个方程,求得权重为:

$$\lambda_1 = 0.5904; \lambda_2 = 0.0569; \lambda_3 = 0.2809$$

现在,采用公式(2.6)估算位置 P_1 处的油藏顶部:

$$P_1 = \left(\frac{1200 + 1030 + 1420}{3}\right)(1 - 0.9282) + 0.5904 \times 1200 + 0.0569 \times 1030 + 0.2809(1420)$$

$$P_1 = 1253.32$$

使用公式(2.9)计算的标准误差为:

$$\sigma = \sqrt{0.5904 \times 4 + 0.569 \times 13.297 + 0.2809 \times 7.889} = \sqrt{5.33} = 2.3\text{m}$$

当对 P_2 点重复此过程时,权重为:

$$\lambda_1 = 0.1538; \lambda_2 = 0.5417; \lambda_3 = 0.2778$$

油藏顶部估计为 1169.3m,标准误差为 3m。

在 Kriging 中,通过局部最小化平方误差(未采样位置的估计值和真实值之间的差)来估计未采样位置的最佳值(尽可能接近真实值)。然而,为了尽可能准确地模拟油藏动态,应将误差全局最小化。如果在属性估算过程中得到的是全局最小化的误差(根据所有可用的油藏工程信息地质连续性和储层非均质性的研究结果),则任意未采样点的估计值与其他未采样地点的估计值都无关(Caers,2005)。

因此,除了 kriging 这种基于数据间平滑插值(或外推)的估计方法外,还有一种随机模拟技术,这种方法生成的数据既能保持实际数据的特征又能同时满足采样点的数值。与估计方法相比,随机模拟方法具有多解性。

Kelkar 和 Perez(2004)将仿真技术分为基于网格和基于对象的仿真方法。在基于网格的模拟方法中,储层被分成具有不同属性的均质网格块。在基于对象的模拟方法中,根据地质对象的形状和大小生成数据。物体可以是二维或三维的(Kelkar 和 Perez,2004)。在基于网格的技术中,高斯法是最常用的技术。

在此对一个基于网格的高斯模拟应用实例进行解释。在这个例子中,油藏总体积为 $1.5 \times 10^9 \text{m}^3$(6800m × 4700m × 47m),共 8 口井(W-1,W-2,W-3,W-4,W-5,W-6,W-7,W-8),地质学家识别出 2 个地质单元和 3 个标志层,井位置的相关关系如图 2.6 所示。利用反距离加权估计法创建每个地质构造的表面,反距离加权法是一种基于距离加权对邻近数据进行插值的方法。

$$u = \frac{\sum\left(\dfrac{u_i}{d_i^{\alpha}}\right)}{\sum \dfrac{1}{d_i^{\alpha}}} \tag{2.10}$$

其中 u_i 是附近位置的值,d_i 是已知点和未知点之间的距离,α 是指数值。

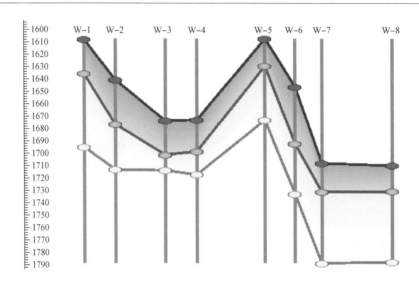

图 2.6　8 口井所在储层顶底位置

图 2.7 展示的是当指数值为 2 时的顶面计算结果。

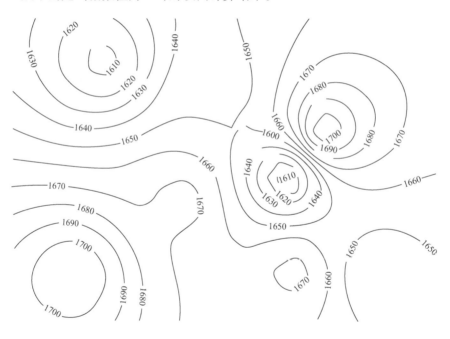

图 2.7　油藏顶面等高线

　　然后,储层在 X 方向被分为 136 份,在 Y 方向被分为 94 份,在 Z 方向被分为 12 份,这样就生成了 153408(136×94×12)个网格块(图 2.8)。每个网格单元有 50m 长和 50m 宽。

　　8 口井中有 4 口井(W-1、W-2、W-3、W-4)有孔隙度测井数据(图 2.9),这 4 口井的孔隙度数据可以用于计算整个储层的孔隙度场。图 2.10 展示了各层声波测井孔隙度在水平方向上的变化。利用基于网格的高斯模拟技术和变差函数模型,可以得到所有网格的孔隙度。为了进行比较,使用了三种不同的变差函数模型(指数模型、高斯模型和球型模型),并对计算

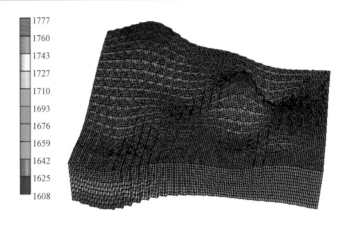

图 2.8　油藏离散化为 153408 个网格

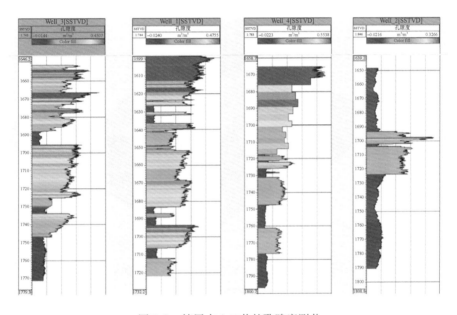

图 2.9　储层中 4 口井的孔隙度测井

的孔隙度进行比较。生成的三维孔隙度场如图 2.11 至图 2.13 所示。利用不同的变差函数模型估算储层孔隙度的总结见表 2.1。该表显示,使用指数模型,约 72% 的介质的孔隙度在 0.16 ~ 0.27。因此,大部分的油都聚集在多孔介质中。如果采用高斯模型,则约 30% 的介质的孔隙度介于 0.16 ~ 0.27,25% 的多孔介质的孔隙度在 0.35 ~ 0.39,另外三分之一的多孔介质孔隙度在 0.01 ~ 0.05。球型模型的结果是 58% 的多孔介质具有 0.16 ~ 0.27 范围的孔隙度。与指数模型一样,在球型模型中约 2% 的多孔介质的孔隙度大于 0.27。球型模型与高斯模型相似,生成的约 40% 的多孔介质孔隙度小于 0.16,约 20% 的多孔介质孔隙度在 0.01 ~ 0.05,而指数模型的这个值小于 10%。生成的数据表明,应用指数模型和高斯模型计算的平均孔隙度非常接近(0.191 和 0.189),并且都大于球型模型生成的值(0.159)。从不同生成的模型可以得到不同的油藏特征。但在实际的储层研究中应该使用哪一种结果呢? 该实例表明,在进行不确定性分析时,还应考虑地质统计学模拟结果。

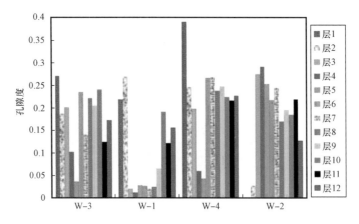

图 2.10 水平方向上的孔隙度变化

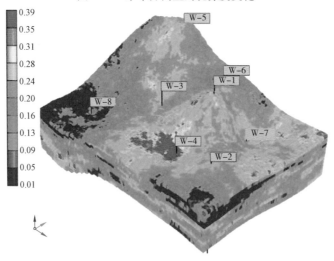

图 2.11 使用指数模型变差函数估算的孔隙度

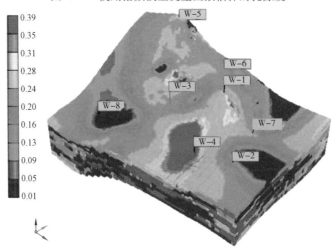

图 2.12 使用高斯模型变差函数估算的孔隙度

图 2.13　使用球型模型变差函数估算的孔隙度

表 2.1　不同变差函数模型计算的孔隙度

范围	指数型	高斯型	球型
0.35 ~ 0.39	0.50%	25.20%	0.10%
0.31 ~ 0.35	0.40%	0.80%	0.20%
0.27 ~ 0.31	1.60%	1.70%	0.80%
0.23 ~ 0.27	24.30%	10.40%	15.50%
0.20 ~ 0.23	29.20%	10.90%	26.30%
0.16 ~ 0.20	19.20%	8.50%	17.20%
0.12 ~ 0.16	6.80%	3.90%	6.80%
0.08 ~ 0.12	5.40%	3.40%	6.00%
0.05 ~ 0.08	3.70%	2.60%	4.80%
0.01 ~ 0.05	9.00%	32.60%	22.30%

　　另一种方法,是使用 Kriging 估计方法计算孔隙度场。为了进行比较,通过 Kriging 和高斯模拟技术计算的第 2 层孔隙度如图 2.14 所示。由于 W − 5 至 W − 8 井没有实测数据,Kriging 方法通过在 W − 1 至 W − 4 井之间平滑插值(或外推)在无采样点生成了孔隙度的最佳估计值(图 2.14a)。然而,高斯模拟技术除了可以拟合上 1 − 4 井的已测量值,同时该技术生成的模型可以保持孔隙度分布的地质特点。

　　在通过地质统计学计算地质属性分布时,除了因为使用不同的变差函数和/或估算方法产生的误差(或不确定性),块金效应(因测量误差和/或细小尺度上属性的波动)也会在储层建模中传播误差。Pawar 和 Tartakovsky(2000)通过油藏模型研究了误差的传播问题,在油藏模型中,渗透率分布是使用变差函数模型计算的,基于测量误差建立了一个具有块金效应的幂律变差函数模型(块金 3 和块金 7),计算的渗透率用于模拟 1600 天内油藏的流体流动,结果与

"地面真实"模型(具有真实渗透率分布的油藏模型)的模拟结果进行了比较。又测试了一个块金值为 0 的例子,研究表明,与真实模型相比,产油量存在显著差异,这种差异随着块金值的增加而增加(Pawar 和 Tartakovsky,2000)。

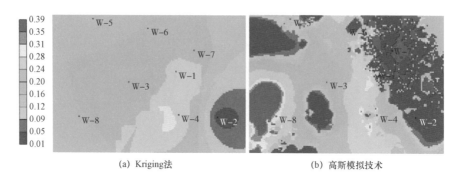

(a) Kriging法   (b) 高斯模拟技术

图 2.14　通过 Kriging 和高斯模拟技术估算的第 2 层孔隙度

　　作为地质统计学地质特征计算过程中误差传播的另一个例子,下文将介绍一个碳酸盐岩储层孔隙度分布的情况。在一个钻了 7 口井(W-1—W-7)的碳酸盐岩储层中,用高斯模拟方法得到了孔隙度分布。为了生成孔隙度分布,采用了指数变差函数拟合了 7 口井的孔隙度数据,得到的变差函数中,块金指数为 0.167,基台值为 1.05,变程为 63。在建立地质模型两年后,在储层中钻了一口新井(W-new),并在井内进行了全套岩石物理测井。井位如图 2.15 所示。现在将新井的孔隙度与地质统计已经产生的孔隙度进行比较。为了更好地比较,采用线性插值法以恒定间隔步长对孔隙度测井重新取样(图 2.16)。

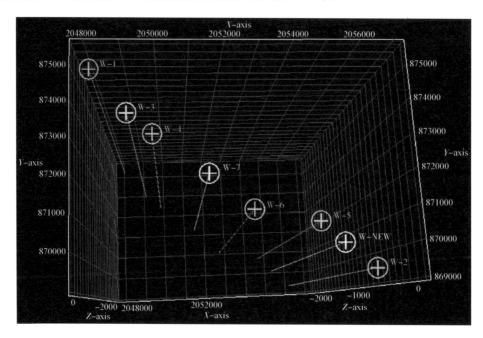

图 2.15　某碳酸盐岩储层中的井位

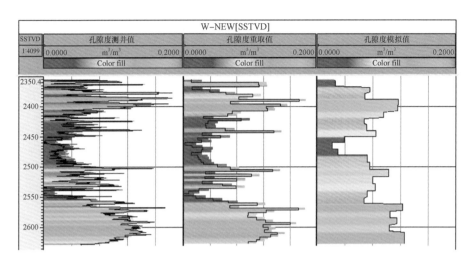

图 2.16　测井孔隙度与模拟孔隙度

对比表明,测井数据与模拟值有很好的一致性,如前所述,这是高斯模拟技术的一个优点。然而,如果定量比较孔隙度,会发现存在 18% 的差异,这种误差必然会影响油气的储量,影响油藏开发动态及油田产量。

2.3.2　工程资料

地质数据用于研究岩石性质和影响岩石性质分布的因素(成岩作用和沉积作用),而工程数据用于研究储层中流体的静态和动态特征。大多数工程资料和地质资料来源相同,但资料分析方法不同。

2.3.2.1　岩心数据

岩心实验室在可控条件下对流体和岩石特征进行研究,开展外观观察、常规、特殊岩心实验,并将结果应用于油藏动态建模。

岩心外观可以看到储层的岩性、泥页岩含量、有效厚度与净毛比。常规岩心测试中主要测量岩石孔隙度、绝对渗透率和初始流体饱和度。特殊岩心测试中测量更复杂的岩石性质,如压缩性、相对渗透率、毛细管压力和端点饱和度。

应注意的是,岩心实验室的结果通常从实验室尺度放大到储层尺度。这一步称为粗化,是非均质性油藏最具挑战性的问题之一。在油藏建模中,通常有两种类型的平均化和粗化。第一种类型是增加地质网格(细网格)的大小(粗网格)。第二种情况是对几厘米大小的岩心进行岩心实验,然后把实验结果放大到粗网格。可以看出,平均化和粗化增加了油藏建模的不确定性,因此应尽量少用。

平均化方法包括幂指数平均法[如算术平均法 $\left(x_a = \dfrac{\sum x_i}{n}\right)$,几何平均法 $\left(x_g = \sqrt[N]{\prod_{i}^{n} x_i}\right)$,

调和平均法 $\left(x_h = \dfrac{n}{\sum \dfrac{1}{x_i}}\right)$],重归一化法,压力方程求解法,张量法和拟函数法。

对于总厚度(h)、孔隙度(ϕ)和含水饱和度(S_w),可以使用算术平均法计算(Ertekin 等,2001):

$$\overline{h} = \frac{\sum A_i h_i}{\sum A_i}, \overline{\phi} = \frac{\sum \phi_i h_i}{\sum h_i}, \overline{S} = \frac{\sum S_{wi} \phi_i h_i}{\sum \phi h_i} \tag{2.11}$$

对有效渗透率的粗化比其他属性更加复杂(King,1996),算术平均法与调和平均法是最常用的方法。当流体沿恒定渗透率的平行层流动时,算术平均值(K_a)方法用来计算(粗化层)有效渗透率。当流动方向垂直于串联层时,使用调和平均法(K_H):

$$\overline{K_a} = \frac{\sum K_i h_i}{\sum h_i} \tag{2.12}$$

$$\overline{K_H} = \frac{\sum h_i}{\sum \dfrac{h_i}{K_i}} \tag{2.13}$$

2.3.2.2 测井资料

测井可以确定油藏尺度上的储层属性,并被地质学家、油藏工程师和岩石物理学家使用。通过测井可以直接测量某些地层属性,例如孔隙度、初始流体饱和度、岩性、净厚度和流体的压力梯度。图 2.17 显示了伽马射线和密度、含水饱和度和孔隙度测井的示例。其他一些属性是通过上述属性计算得出的,例如,有了孔隙度参数,就可以估算储层渗透率,如图 2.18 所示。

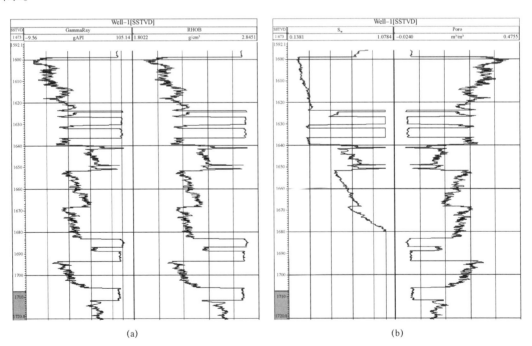

图 2.17　(a)伽马射线和密度测井示例与(b)含水饱和度和孔隙度测井示例

2.3.2.3 试井数据

试井数据分析可得到诸如水平渗透率、表皮系数、井几何系数和储层平均静压力之类的信息。通过试井分析计算出的有效水平渗透率(相对于油或气)是储层渗透率最重要的来源之一。试井分析是通过解析求解渗流方程(压力恢复试井或压降试井)得到的。

均质水平油藏微可压缩流体径向流动方程可写成(Ahmed 和 Meehan,2011):

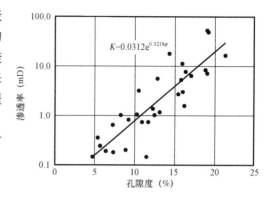

图 2.18　典型渗透率—孔隙度半对数图

$$\frac{\partial^2 p}{\partial r^2} + \frac{1}{r}\frac{\partial p}{\partial r} = \frac{1}{\eta}\frac{\partial p}{\partial t}$$

$$\eta = \frac{cK}{\phi \mu c_t} \qquad (2.14)$$

其中 c 是换算系数。

图 2.19 为一个压力恢复测试的例子。一口井以 41bbl/d 的速度生产 6.53h 后关井,然后持续测量了其井底压力 3h。

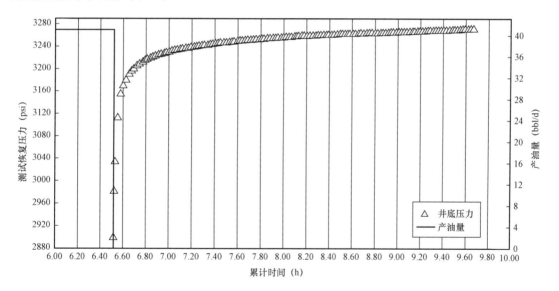

图 2.19　压力恢复试验示例

对数据进行分析后,估算出储层的有效渗透率和初始压力,分析如图 2.20 所示。

分析数据后,还可以来估算油藏体积和原始地质储量,如图 2.21 所示。

2.3.2.4 储层流体性质

研究油气藏时,需要掌握油气水三相压力—体积—温度(PVT)关系的基本知识。根据储层温度和压力的不同,油气藏可分为五类:黑油油藏、挥发性油藏、凝析气藏、湿气气藏和干气藏(图 2.22)。

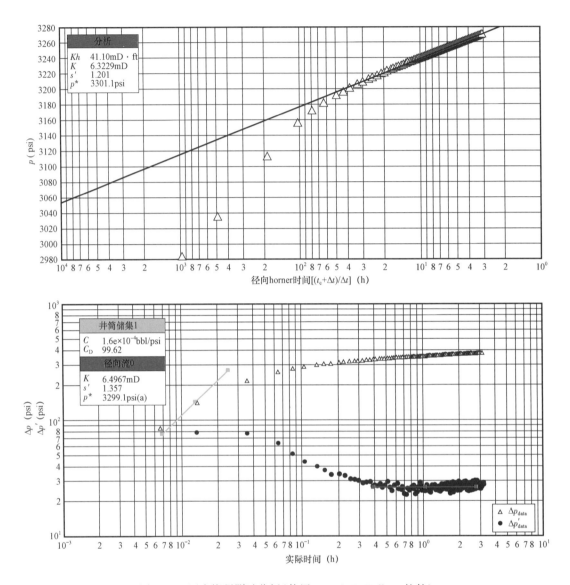

图 2.20　压力恢复测试分析（使用 F. A. S. T. Welltest 软件）

在黑油油藏中，储层流体的温度和压力远未达到临界点。储层中的流体最初以单相液体的形式存在，当压力低于泡点压力时变成两相。单相黑油的液体体积随着储层压力的降低而增大，当压力降到气泡点以下时，液体体积缩小。图 2.23 显示了黑油的典型相图。

挥发性油藏的温度和压力接近临界点，相图特点是在泡点以下迅速收缩。图 2.24 显示了挥发油的典型相图。

温度和压力位于临界点右侧的储层流体称为凝析气藏。储层中的流体最初以单相气体的形式存在，当压力降到露点压力以下时变成两相。在露点压力以下，会有气体和液体（逆向）产生，并且留在储层中的流体组分会变化，但储层体积不变。图 2.25 显示了凝析油流体的典型相图。

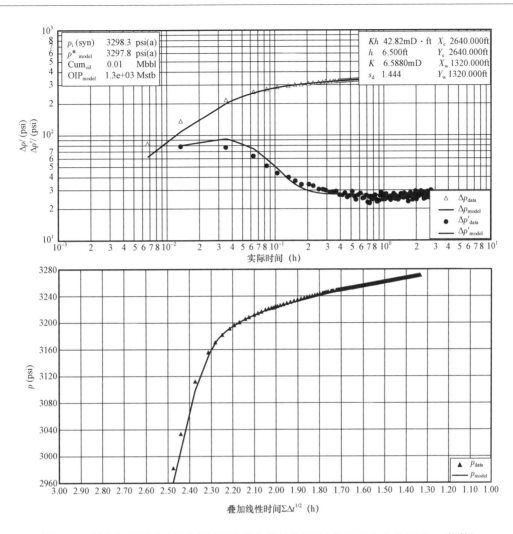

图 2.21　压力恢复测试建模估算油藏体积和原始地层油(使用 F. A. S. T. Welltest 软件)

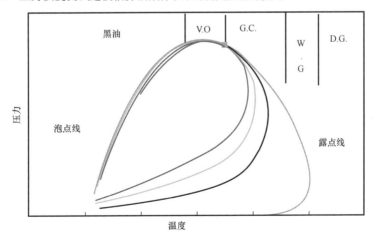

图 2.22　不同储层流体的典型相图

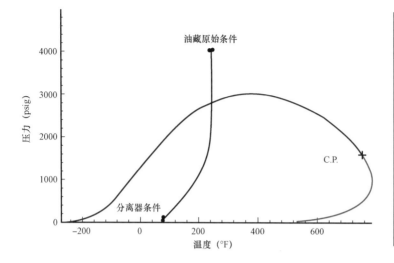

组分	摩尔分数
CO_2	0.91
N_2	0.16
C_1	36.47
C_2	9.67
C_3	6.95
iC_4	1.44
nC_4	3.93
iC_5	1.44
nC_5	1.41
C_6	4.33
C_{7+}	33.29

图 2.23 典型黑油相图和组成

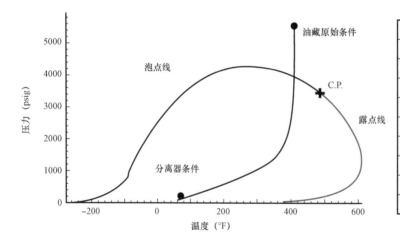

组分	摩尔分数
CO_2	0.9
N_2	0.3
C_1	53.47
C_2	11.46
C_3	8.79
C_4	4.56
C_5	2.06
C_6	1.51
C_{7+}	16.92

图 2.24 典型挥发油的相图和组成

为了预测储层压力和其他流动参数的变化,必须在油藏模型中确定和定义完整的 PVT 属性。为此,在 PVT 实验室中对取样流体进行多项实验。这些实验分为两个阶段:初步实验和全面实验。在初步实验中,会测量相对密度、气油比和饱和压力。

以下介绍关键 PVT 属性的简要定义。

相对密度:相对密度是指物质在特定条件下的密度与已知物质(如气体或水)在类似标准条件下的密度之比。对于气相体系,相对密度定义为:

$$\gamma_{gas} = \frac{\rho_{gas}(T_{sc}, p_{sc})}{\rho_{air}(T_{sc}, p_{sc})} \tag{2.15}$$

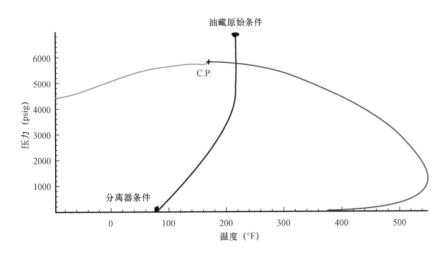

组分	摩尔分数
N_2	1.35
CO_2	1.07
C_1	75.04
C_2	8.92
C_3	3.87
iC_4	0.61
nC_4	1.27
iC_5	0.4
nC_5	0.46
C_6	0.64
C_{7+}	6.37

图 2.25　典型凝析气流体的相图和成分

对于液相:

$$\gamma_{\text{oil}} = \frac{\rho_{\text{oil}}(T_{\text{sc}}, p_{\text{sc}})}{\rho_{\text{water}}(T_{\text{sc}}, p_{\text{sc}})} \tag{2.16}$$

石油工业中广泛使用的相对密度是 API 比重(°API),其定义为:

$$°\text{API} = \frac{141.5}{\left(\frac{60}{60}\gamma_{\text{oil}}\right)} - 131.5 \tag{2.17}$$

等温压缩系数:流体的等温压缩系数(C)定义为每单位压力变化(p)的相对体积变化量($\Delta V/V$):

$$C = -\left(\frac{1}{V}\right)\left(\frac{\partial V}{\partial p}\right)_T \tag{2.18}$$

对于油的压缩性来说,上述方程可写为如下形式:

$$C_{\text{o}} = -\left(\frac{1}{V}\right)\left(\frac{\partial V}{\partial p}\right)_T = -\left\{\frac{\partial[\ln(V)]}{\partial p}\right\}_T \tag{2.19}$$

积分后:

$$V = V_{\text{i}}\mathrm{e}^{-C_{\text{o}}(p-p_{\text{i}})} \tag{2.20}$$

同理可得密度方程式:

$$\rho = \rho_{\text{i}}\mathrm{e}^{C_{\text{o}}(p-p_{\text{i}})} \tag{2.21}$$

由于 C_{o} 对于液体而言较小(当 x 较小时,$\mathrm{e}^x \approx 1+x$,),因此上述等式通常写为:

$$V = V_{\text{i}}[1 - C_{\text{o}}(p - p_{\text{i}})] \tag{2.22}$$

$$\rho = \rho_i [1 - C_o (p - p_i)] \tag{2.23}$$

其中下标 i 指的是初始(或参考)条件,并且 C_o 假定为常数。

地层体积系数:当进行生产时储层流体的体积变化通常用地层体积系数表示。一般而言,地层体积系数(B)可以视为储层条件下的流体体积(V_{res})与标准条件下的流体体积(V_{sc})之比,即

$$B = \frac{V_{res}}{V_{sc}} \tag{2.24}$$

对于油藏,地层体积系数是每桶储油罐条件下的油在油藏条件下的体积。

$$B_o = \frac{V_{res}}{V_{stb}} \tag{2.25}$$

对于干气藏,它是每标准体积地面气体(通常在 $60\,℉$,$14.7\mathrm{psi}$ 下测量)在气藏条件下的体积。

$$B_g = \frac{V_{res}}{V_{sc}} \tag{2.26}$$

对于气藏:

$$B_g = \frac{V_{res}}{V_{sc}} = \frac{\left(\dfrac{Z_{res} n R T_{res}}{p_{res}} \right)}{\left(\dfrac{Z_{sc} n T_{sc}}{R_{sc}} \right)} = \frac{Z_{res} T_{res} p_{sc}}{p_{res} Z_{sc} T_{sc}} \tag{2.27a}$$

或

$$B_g = \frac{Z_{res} T_{res} (14.7\mathrm{psi})}{(1.0)(60 + 460℃\mathrm{R}) p_{res}} = \frac{0.02827 Z_{res} T_{res}}{p_{res}} \tag{2.27b}$$

溶解气油比:溶解气油比 R_s 定义为在油藏压力和温度条件下,溶解于储罐状态下一桶油的气体在标准条件下的体积。

在完整的 PVT 实验中,根据流体类型进行等组分膨胀实验(CCE),差异分离和/或定容衰竭实验以确定以下各项参数:

(1)流体组分;

(2)饱和压力;

(3)等温压缩系数;

(4)气体压缩系数;

(5)随压力变化的流体地层体积系数;

(6)随压力变化的气油比;

(7)各压力梯度下气体释放量;

（8）随压力变化的流体密度；

（9）剩余油密度；

（10）随压力变化的流体黏度。

等组分膨胀：在所有 PVT 研究中，无论流体是何类型都会进行等组分膨胀（CCE）或恒质量膨胀（CME）实验。它用于测量不同压力下总的流体体积和可压缩性，这个压力范围从超过油藏初始压力到低于分离器压力的压力。对于黑油和挥发油，它也可用于确定储层条件下的饱和压力。

差异分离：差异分离实验（Diff. Lib.）是在油藏温度下进行的对油藏油组分的衰竭实验，用于模拟在生产（递减）过程中油藏的体积和成分变化。作为压力函数的油气体积系数、油气密度、溶解气油比 GOR（R_s）、气体偏差系数（Z）以及气体膨胀系数可以通过差异分离实验来确定。

定容衰竭（CVD）实验：对挥发性油气或凝析气储层流体进行定容衰竭（CVD）实验，以模拟生产过程中的储层流体消耗。数据包括每个压力阶段的气体和液体的体积，累计产出的（湿）气体，气体偏差系数 Z 以及产出的流体组成。所有报告的体积数据都是相对于凝析气露点或挥发油泡点的流体体积而言。

图 2.26 显示了典型黑油的 CCE 和差异分离（Diff. Lib）测试的示意图。

分离器测试：在分离器测试中，通常已知油藏油组分在低于泡点后会经历两步闪蒸，其中最后一步是在储油罐条件下进行。对储层流体进行分离器测试，以提供有关储罐条件下的油和释放的气体的体积及其他信息。

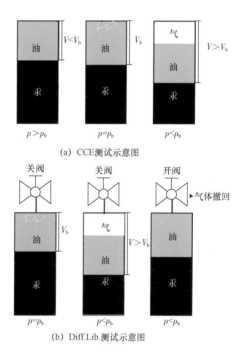

(a) CCE测试示意图

(b) Diff.Lib.测试示意图

图 2.26　CCE 和 Diff. Lib. 的示意图

油气黏度：在 PVT 实验室测试中，通常使用滚球黏度计（RBV）测量储层温度和各种压力下的石油黏度。通过经验相关法，可以精确地关联气体黏度。估算石油和天然气的黏度有几种经验关系式。其中，最常用的相关是洛伦兹—布雷—克拉克关系式（1964），乔西—斯蒂尔—索多斯相关性和佩德森关系式（1989）。

界面张力：储层流体的气相和液相之间的界面张力（σ）使用 Parachor 相关性估算（Danesh，1998）：

$$\sigma^{0.25} = (Parachor\_Factor)(\rho_L - \rho_V) \tag{2.28}$$

其中 L 和 V 分别指液相和气相。

表 2.2 展示了典型实验结果的 PVT 数据。

表 2.2 黑油模型的典型实验结果 PVT 数据

气油比 (m^3/m^3)	压力 (bar)	油体积系数 (m^3/m^3)	油黏度 (cP)	压力 (bar)	气体积系数 (m^3/m^3)	气黏度 (cP)
11.46	40	1.064	4.338	40	0.02908	0.0088
17.89	60	1.078	3.878	60	0.01886	0.0092
24.32	80	1.092	3.467	80	0.01387	0.0096
30.76	100	1.106	3.1	100	0.01093	0.01
37.19	120	1.12	2.771	120	0.00899	0.0104
43.62	140	1.134	2.478	140	0.00763	0.0109
46.84	150	1.141	2.343	150	0.00709	0.0111
50.05	160	1.148	2.215	160	0.00662	0.0114
56.49	180	1.162	1.981	180	0.0062	0.0116
59.7	190	1.169	1.873	190	0.00583	0.0119
62.92	200	1.176	1.771	200	0.00551	0.0121
66.13	210	1.183	1.674	210	0.00521	0.0124
69.35	220	1.19	1.583	220	0.00495	0.0126
72.57	230	1.197	1.497	230	0.00471	0.0129
74	234.46	1.2	1.46	234.46	0.00449	0.0132
80	245	1.22	1.4	245	0.0044	0.0133

通常,原油中包含一些溶解气体,并且始终伴有一些原生水。在多数情况下,可以假设石油和天然气的成分是恒定的,并且气体在石油中的溶解度仅仅是压力的函数。因此,人们可以将油视为一种单一成分的物质(或更准确地说,是一种单组分的物质)。这也同样适用于天然气。在天然气和石油成分随平面、纵向位置而变化的情况下,则模型中必须考虑这种变化。这些变化可以使用状态方程(EOS)表示。石油工业中最常用的状态方程之一是 Peng - Robinson(Peng 和 Robinson,1976):

$$p = \frac{RT}{V - b} - \frac{a\alpha}{V^2 + 2bV - b^2}$$

$$a = 0.457235 \frac{R^2 T_C^2}{p_C} = \Omega_a \frac{R^2 T_C^2}{p_C}$$

$$b = 0.077796 \frac{RT_C}{p_C} = \Omega_b \frac{RT_C}{p_C} \quad (2.29)$$

$$\alpha = [1 + \kappa(1 - T_r^{0.5})]^2$$

$$\kappa = 0.37464 + 1.54226\omega - 0.26992\omega^2$$

其中下标 c 表示临界状态,ω 是 Pitzer 偏心因子。

应当指出,状态方程最初是为纯组分建立的,因此,当用于混合物时,应对其进行修正。这种修正是通过调整 EOS 的参数来完成的(在 Peng – Robinson EOS 中,通过调整 a,b 和 ω 使 EOS 的结果与实验结果相匹配)。这一过程可以通过参数回归完成,回归的目的是使实验数据和预测结果之间的差异最小化:

$$F = \sum w_i \left(\frac{y_{\text{EOS}} - y_{\text{Exp}}}{y_{\text{Exp}}} \right)^2 \tag{2.30}$$

其中 w_i 是权重因子,下标 EOS 和 Exp 分别对应状态方程计算结果和实验结果。

图 2.27 是调整 Peng – Robinson 状态方程来拟合定容衰竭实验(CVD)结果的示例。在此示例中,状态方程的调整是通过 WinProp 相态变化和流体属性的模拟软件包来实现的。

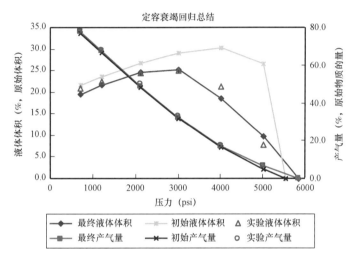

图 2.27　Peng – Robinson 状态方程的调整

2.3.2.5　岩石流体数据

在储层建模中,还需要表征流体在岩石孔隙中的流动特征,因此需要相对渗透率(K_r)和毛细管压力(p_c)数据来表征岩石和流体的关系,这些参数可用于预测储层在整个生命周期中油、水和天然气的产量变化。

在通过亲水多孔介质的多相流中(水倾向于接触多孔介质的大部分),毛细管压力(非润湿相压力和润湿相压力之间的差)是推动碳氢化合物穿过孔隙所需的力(克服了非润湿和润湿阶段之间的界面张力)(Bear,1972)。在油藏模拟中,毛细管压力用来计算网格单元的初始水饱和度,以及多相驱替(例如注水和注气)的过程。某一相的相对渗透率是一个无量纲的参数,定义为该相的有效渗透率与基础渗透率的比值。多相流模拟的时候需要这些信息。相对渗透率和毛细管压力在很大程度上取决于生产储层中流体和岩石的类型(Christiansen,2001)。

通常,这两个数据是在岩心实验室中测量的。三种常用的毛细管压力数据测量的技术是:多孔板法、离心法和压汞法。

测量相对渗透率的两种主要实验室方法是稳态法和非稳态法。

图 2.28 和图 2.29 为实验室测得的典型相对渗透率和毛细管压力数据。

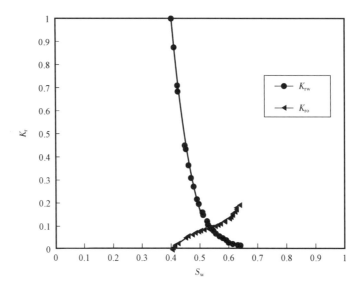

图 2.28 实验室在水湿岩石中测得的油水相对渗透率

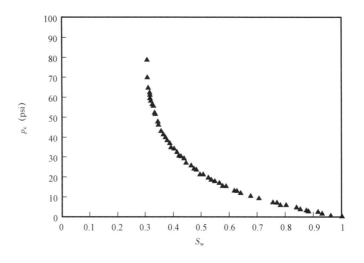

图 2.29 实验室测得的油水毛细管压力曲线

在没有测量数据的情况下，可以参考一些经验公式，这些经验公式将相对渗透率和毛细管压力与多孔介质中的饱和度建立联系：

$$K_{rw} = K_{rw(S_{orw})} \left(\frac{S_w - S_{wc}}{1.0 - S_{wc} - S_{orw}} \right)^{nw} \tag{2.31}$$

$$K_{row} = K_{ro(S_{wc})} \left(\frac{S_o - S_{orw}}{1.0 - S_{wc} - S_{orw}} \right)^{no} \tag{2.32}$$

$$K_{rog} = K_{ro(S_{gc})} \left(\frac{S_w - S_{wc} - S_{org}}{1.0 - S_{wc} - S_{org}} \right)^{nog} \tag{2.33}$$

$$K_{\mathrm{rg}} = K_{\mathrm{rg}(S_{\mathrm{org}})} \left(\frac{1 - S_{\mathrm{w}} - S_{\mathrm{gc}}}{1 - S_{\mathrm{wc}} - S_{\mathrm{gc}} - S_{\mathrm{org}}} \right)^{\mathrm{ng}} \tag{2.34}$$

对于毛细管压力:

$$p_{\mathrm{cow}} = a_0 + a_1 (1 - S_{\mathrm{w}}) + a_2 (1 - S_{\mathrm{w}})^2 + a_3 (1 - S_{\mathrm{w}})^3 \tag{2.35}$$

$$p_{\mathrm{cgo}} = b_0 + b_1 S_{\mathrm{g}} + b_2 S_{\mathrm{g}}^2 + b_3 S_{\mathrm{g}}^3 \tag{2.36}$$

其中 a_i 和 b_i 的系数是根据经验确定的。

应该注意的是,在岩心实验室中,毛细管压力数据是在实验室条件下测量的。实际应用时,应使用 Young – Laplace 方程将数据转换为储层条件:

$$p_{\mathrm{c}} = \frac{2\sigma\cos\theta}{r} \tag{2.37}$$

和

$$\frac{p_{\mathrm{cres.\ cond}}}{p_{\mathrm{clab.\ cond}}} = \frac{\sigma_{\mathrm{res.\ cond}}\cos\theta_{\mathrm{res.\ cond}}}{\sigma_{\mathrm{lab.\ cond}}\cos\theta_{\mathrm{lab.\ cond}}} \tag{2.38}$$

如上所述,由于储层的非均质性,不同位置的相对渗透率和毛细管压力是变化的,这意味着在储层建模中应考虑不止一种岩石类型,具有相似特征的岩石类型归为同一类别。

岩石类型的表征通常使用归一化的 Leverett J 函数(J^*)和归一化的含水饱和度(S_{wn})进行:

$$J^* = \frac{J\sigma\cos\theta}{p_{\mathrm{c}}} \sqrt{\frac{\phi}{k}} \tag{2.39}$$

$$S_{\mathrm{wn}} = \frac{S_{\mathrm{w}} - S_{\mathrm{wc}}}{1 - S_{\mathrm{wc}} - S_{\mathrm{orw}}} \tag{2.40}$$

其中,J 函数是使用毛细管压力(p_{c}),界面张力(σ),接触角(θ),磁导率(k)和孔隙度(ϕ)来计算的(Amyx,1960):

$$J = \frac{p_{\mathrm{c}}}{\sigma\cos\theta} \sqrt{\frac{k}{\phi}} \tag{2.41}$$

图 2.30 展示了归一化 Leverett J 函数随归一化含水饱和度变化的典型实例。

除 Leverett J 函数外,一个基于修正的 Kozeny – Carman 方程和平均水力半径概念的技术也被用于识别和表征油藏内的流动单元。该技术由 Amaefule 等(1993)提出并被称作流动单元指数(FZI)技术,其中任何流量单位中 $0.0314 \sqrt{\dfrac{k}{\phi}}$ 对数与

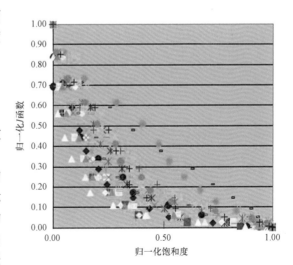

图 2.30　归一化 Leverett J 函数随归一化含水饱和度变化的典型图

$\phi/(1-\phi)$的对数将产生一条斜率为 1 的直线。

2.3.2.6 初始化数据

模型的初始化涉及每个网格单元中每个相的压力和饱和度的计算,黑油模型的初始化是基于初始时刻状态也就是储层处于毛细管压力/重力平衡的状态。正确的初始化程序会准确计算每个网格单元中的流体储量,保持平衡条件,吻合岩石和物理性质,并且准确描述油藏中流体的原始分布规律(Aziz,Durlofsky,Tchelepi,2005)。

如果已知油藏初始状态下的毛细管压力,则压力和饱和度分布可以通过指定一个压力(基准深度处的压力,p_{owc})和两个饱和度(水—油界面的 S_w 和气 - 水界面的 S_g)来确定。初始油藏压力和水层压力根据以下公式计算:

$$p_o(z) = p_{owc} - \int_0^z \rho_o g \mathrm{d}z \qquad (2.42a)$$

$$p_w(z) = p_{owc} - \int_0^z \rho_w g \mathrm{d}z \qquad (2.42b)$$

毛细管压力被定义为含水饱和度的函数:

$$p_{cow}(S_w) = p_o - p_w \qquad (2.43)$$

某一给定的网格 i 中的平均初始含水饱和度为(Aziz 等,2005):

$$S_{w,i} = \frac{Z_{S_{w(i+1)}} - Z_{S_{wi}}}{z_{i+1} - z_i} \qquad (2.44)$$

$$ZS_w = \int_0^z S_w \mathrm{d}z \qquad (2.45)$$

上述方法也适用于油气系统的初始化。

例如,假设一个油藏的顶部深度为 8325ft,参考深度 8400ft 的压力 4800psi 为初始压力,油水界面位置为 8425ft。油藏厚度为 100ft,分三个层:厚度 20ft、30ft 和 50ft,水—油毛细管压力随含水饱和度变化测量见表 2.3。

表 2.3 水—油毛细管压力随含水饱和度变化

含水饱和度 S_w	毛细管压力 $p_{c(psi)}$	含水饱和度 S_w	毛细管压力 $p_c(psi)$	含水饱和度 S_w	毛细管压力 $p_c(psi)$
0.12	40	0.32	4.001	0.62	0.872
0.121	35.919	0.37	2.793	0.72	0.5947
0.14	25.792	0.42	2.04	0.82	0.3317
0.17	18.631	0.52	1.555	1	0.1165
0.24	7.906	0.57	1.1655		

标准条件下的流体密度为:油密度 49.1lb/ft³;水密度 64.79lb/ft³;气体密度 0.06054lb/ft³。

基于前面提到的方法,每个网格单元的压力和饱和度计算见表 2.4。

表 2.4　划分三层的压力和饱和度

层号	厚度(ft)	压力(psi)	含水饱和度
1	20	4783	0.187
2	30	4789	0.216
3	50	4800	0.311

将储层厚度(100ft)分为六层,分别为 10ft、10ft、15ft、15ft、25ft 和 25ft,并重复上述步骤,将产生以下初始压力和饱和度(表 2.5)。

表 2.5　划分六层的压力和饱和度

层号	厚度(ft)	压力(psi)	含水饱和度
1	10	4781	0.181
2	10	4784	0.193
3	15	4787	0.207
4	15	4791	0.225
5	25	4796	0.265
6	25	4800	0.410

图 2.31 和图 2.32 比较了两种划分结果,显然,在 Z 方向上进行细化会在两相区域(在这种情况下为油水接触)附近生成更准确的数据。

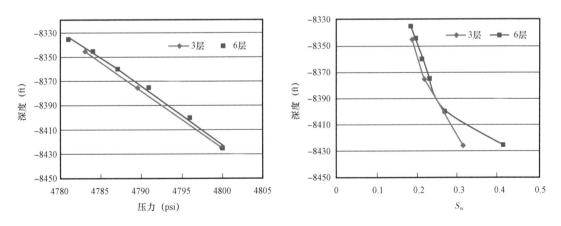

图 2.31　不同层的初始压力和含水饱和度

2.3.2.7　单井静动态数据

对于储层动态建模,还需要井的详细信息,例如井类型(注入井或生产井),井坐标,井轨迹,完井段和井生产的约束条件。在大多数情况下,也要考虑井压力、生产和注入历史(图 2.33)。

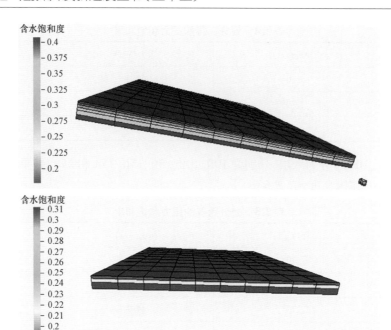

图2.32 不同层的初始含水饱和度（顶部为5层离散化，底部为3层离散化）

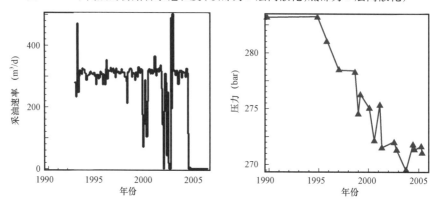

图2.33 油藏建模输入的典型采油速率和井底压力数据

2.4 数学模型建立

数学方法是石油工程师最常用的方法，物质平衡模型、递减曲线分析模型和试井模型是三个简单并且广泛用于油藏描述的数学模型。尽管如今有一些容易上手的软件包进行模型分析，但是手工计算或图形分析方法依然非常有效。

2.4.1 递减曲线分析

递减曲线分析是油藏工程计算中根据历史生产数据预测油田未来产量的最常用方法。它是通过将生产数据历史记录与经验方程式拟合，并简单地外推生产趋势。传统的递减曲线分析是基于Arps方法，将产量与时间的曲线与以下经验递减曲线方程式之一拟合：指数方程、双曲方程或调和方程。递减曲线的通用形式为：

$$D_i = Kq^b = \frac{\dfrac{-\mathrm{d}q}{\mathrm{d}t}}{q} = -\frac{\Delta \ln q}{\Delta t}; K = \frac{D_i}{q_i^b} \tag{2.46}$$

对于指数方程，$b = 0$；对于双曲方程，$0 < b < 1$；对于调和方程，$b = 1$。

递减率 D_i 可以定义为单位时间内产量递减分数，如图 2.34 所示。如果绘制产量对数与时间的关系曲线，那么斜率就是递减速率 D_i，如图 2.35。

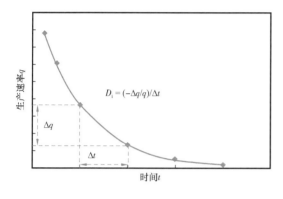

图 2.34　递减率定义示意图　　　　图 2.35　递减率定义的半对数示意图

在确定 D_i 之后，拟合产量 – 时间变化趋势，选定经验方程式。

然后，使用所选方程来预测未来的产量，如图 2.36 所示。用所选的方程来进行外推的假设条件是，最初的开采机理没有变化。如果开采机理发生变化，则该方法不适用。

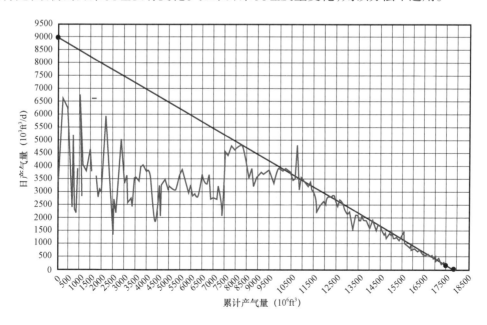

图 2.36　某油田的递减曲线——日产气量对累计产气量

2.4.2 解析模型

解析模型是基于理论模型的精确解,例如压力试井分析和 Buckley – Leverett 模型。通常控制油藏生产动态的方程比较复杂,为了解决这些问题,可以对其进行一些简化,实际上,解析模型是问题简化后的解决方案。例如,在压力试井分析中,假定油藏为水平,厚度恒定,流体为单相,流动状态为层流且压力梯度较小。具有恒定孔隙度(ϕ),恒定渗透率(K),黏度(μ)和可压缩性(c)的液体进入多孔介质的一维流体流动的偏微分方程如下,压力(p)与时间(t)和距离(x)相关(线性扩散方程):

$$\frac{\partial^2 p}{\partial x^2} = \left(\frac{\phi c \mu}{K}\right)\frac{\partial p}{\partial t} \tag{2.47a}$$

对于水平区块,如图 2.37 所示,初始条件和边界条件为:

$$p(x, 0) = p_i$$

$$p(0, t) = p_0$$

$$p(L, t) = p_L = p_i$$

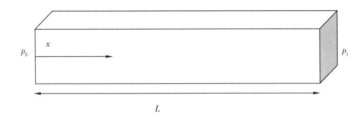

图 2.37 水平区块

Kleppe(2004)给出了瞬态压力方程[方程 2.47(b)]的解析解:

$$p(x, t) = p_0 + (p_L - p_0)\left[\frac{x}{L} + \frac{2}{\pi}\sum_1^\infty \frac{1}{n}\exp\left(-\frac{n^2\pi^2}{L^2}\frac{kt}{\phi\mu c}\right)\sin\left(\frac{n\pi x}{L}\right)\right] \tag{2.47b}$$

稳态解为:

$$p(x, t) = p_0 + (p_L - p_0)\left(\frac{x}{L}\right) \tag{2.48}$$

另一个例子是一维(沿 x 轴)的驱替过程,其中流量为 q_w 且饱和度为 S_w 的水将油驱替到横截面为 A 且孔隙度为 ϕ 的多孔介质中(Buckley – Leverett 问题)。水相(具有恒定密度)的连续性方程写为:

$$-\frac{\partial q_w}{\partial x} = A\phi\frac{\partial S_w}{\partial t} \tag{2.49}$$

通过将含水率(f_w)定义为水流量(q_w)与总流量(q)之比:

$$f_w = \frac{q_w}{q}$$

连续性方程可写为：

$$-\frac{\partial f_w}{\partial x} = \frac{A\phi}{q}\frac{\partial S_w}{\partial t} \tag{2.50a}$$

或

$$-\frac{\mathrm{d}f_w}{\mathrm{d}S_w}\frac{\partial S_w}{\partial x} = \frac{A\phi}{q}\frac{\partial S_w}{\partial t} \tag{2.50b}$$

该方程式被称为 Buckley – Leverett 方程式，图 2.38 给出了用特征分析方法求解一维 Buckley – Leverett 方程的解。

虽然进行了这些简化的假设，但所要解决问题的物理特征大多数情况下是可以得到满足的，这也使得人们可以使用解析模型研究不同参数对油藏开发的影响。

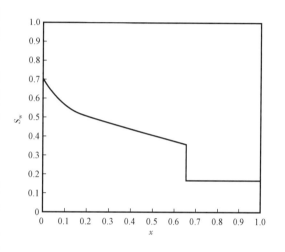

图 2.38　一维 Buckley – Leverett 方程的解

2.4.3　数值模拟

在数值模拟中，对已建好的模型的流动和热能方程进行数值求解。它融合了工程、物理、化学、数学、数值分析、计算机编程以及工程经验和实践。如今，数值模拟已成为油藏管理重要且功能强大的工具（Aziz 等,2005）。

流体在油藏中流动的方程是通过偏微分方程描述的，计算机程序通过数值方法（通常采用有限差分法）求解这些方程。为此，需要将油藏的整个体积离散化为网格块（或单元），同时将流动方程（通常为非线性偏微分方程）应用到这些离散化的网格中，然后采用数值方法在每个时间步和每个网格单元中求解方程。在有限差分法中，首先将非线性方程线性化，然后通过牛顿迭代法求解线性代数方程的饱和度和压力。由于每个网格每次的解取决于相邻网格的解，因此有两种解决方案：显式和隐式。

在显式方法中，使用前一时间步（n）处的方程解来计算新时间步（例如，时间步 $n+1$）处的压力和流体饱和度。尽管显式方法非常简单，但是由于它对时间步长的要求非常严格，因此在实际中并未使用。

在隐式方法中，所有未知项均在新的时间步（$n+1$）处计算。这种方法是非常稳定的，由此产生了一个需要同时求解的线性代数方程组。为了减少方程的数量，可以隐式地求解压力方程（由流动方程推导的结果）。获得压力后，显式计算饱和度。这种方法称为 IMPES（隐式压力显式饱和度）。为了求解的稳定，IMPES 方法需要非常小的时间步长。该方法不适用于在时间步长内饱和度变化较大的情况（Dake,1978）。

通常，在动态油藏建模中，有两种模型：黑油和组分模型。广义的黑油模型特征包括三相（油相,水相和气相）和三个组分（油，水和气）。在此模型中，不考虑水和油之间的传质（油和水不混溶），但是气体组分可以溶解在油相和水相中。另外，在整个油藏中存在瞬时热力学平衡。这种黑油油藏建模适用于自然衰减开采以及流体组分保持不变的任何开采过程(例如注水或非混相气体注入)。此外,在黑油模型中也考虑了各相流体性质(流体的地层体积系数,气油比和黏度)随压力的变化。

在黑油油藏建模中,油藏条件下的油气密度可以用参数表示如下(Aziz 等,2005):

$$\rho_o = \frac{\rho_{o,sc}(1 + R_s)}{B_o} \tag{2.51}$$

$$\rho_g = \frac{\rho_{g,sc}(1 + R_v)}{B_g} \tag{2.52}$$

其中 R_v 是在气中蒸发的油的体积,下标 sc 表示标准条件。

通过使用达西方程,黑油流体属性和连续性方程,油、气和水在 x 方向上的流动方程变为:

$$\frac{\partial}{\partial x}\left(\frac{K_o}{\mu_o B_o}\frac{\partial p_o}{\partial x}\right) - Q_o = \frac{\partial}{\partial t}\left(\frac{\phi S_o}{B_o}\right);$$

$$\frac{\partial}{\partial x}\left(\frac{K_g}{\mu_g B_g}\frac{\partial p_g}{\partial x} + R_s\frac{K_o}{\mu_o B_o}\frac{\partial p_o}{\partial x}\right) - Q_g - R_s Q_o = \frac{\partial}{\partial t}\left(\frac{\phi S_g}{B_g} + R_s\frac{\phi S_o}{B_o}\right); \frac{\partial}{\partial x}\left(\frac{K_w}{\mu_w B_w}\frac{\partial p_w}{\partial x}\right) - Q_w = \frac{\partial}{\partial t}\left(\frac{\phi S_w}{B_w}\right)$$

$$\tag{2.53}$$

其中 Q_o, Q_g 和 Q_w 是油、天然气和水的流速。

下面展示一个黑油模型模拟的例子,考虑一个有六个垂直井的油藏。在该油藏中,油气界面和油水界面分别为 2355m 和 2395m。油气界面的压力为 23446kPa。PVT 属性在表 2.6 中列出。为了研究油藏生产特征,将储层离散化为 2660(19×28×5)个网络单元。然后,通过地统计学(高斯法)生成油藏的孔隙度、水平渗透率和垂直渗透率,如图 2.39 至图 2.41 所示。井1、井 2 和井 5 在第 4 层和第 5 层完井,井 3 和井 4 在第 3 层和第 4 层完井,井 6 在第 4 层完井。油藏初始压力和含油饱和度如图 2.42 所示。油水和油气的相对渗透率数据如图 2.43 所示,同时毛细管压力设置为零。通过数值模拟来预测生产 8.5 年后的压力和含油饱和度。这些井最小井底压力设为 12000kPa。然后通过有限差分法求解流动方程,并通过隐式方法求解流体的压力和饱和度,结果如图 2.44 和图 2.45 所示。

表 2.6 示例的 PVT 属性

p(kPa)	R_s(m³/m³)	B_o(m³/m³)	B_g(m³/m³)	μ_o(cP)	μ_g(cP)
4000	11.46	1.064	0.02908	4.338	0.0088
6000	17.89	1.078	0.01886	3.878	0.0092
8000	24.32	1.092	0.01378	3.467	0.0096
10000	30.76	1.106	0.01093	3.1	0.01
12000	37.19	1.12	0.00899	2.771	0.0104
14000	43.62	1.134	0.00763	2.478	0.0109
15000	46.84	1.141	0.00709	2.343	0.0111
16000	50.05	1.148	0.00662	2.215	0.0114
17000	53.27	1.155	0.0062	2.095	0.0116

续表

p（kPa）	R_s（m³/m³）	B_o（m³/m³）	B_g（m³/m³）	μ_o（cP）	μ_g（cP）
18000	56.49	1.162	0.00583	1.981	0.0119
19000	59.7	1.169	0.00551	1.873	0.0121
20000	62.92	1.176	0.00521	1.771	0.0124
21000	66.13	1.183	0.00495	1.674	0.0126
22000	69.35	1.19	0.00471	1.583	0.0129
23000	72.57	1.197	0.00449	1.497	0.0132
23446	74	1.2	0.0044	1.46	0.0133
24500	80	1.22	0.00419	1.4	0.0135

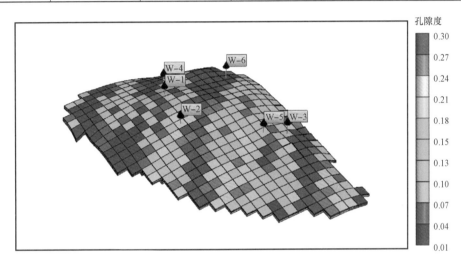

图 2.39　地质统计学建立的孔隙度模型

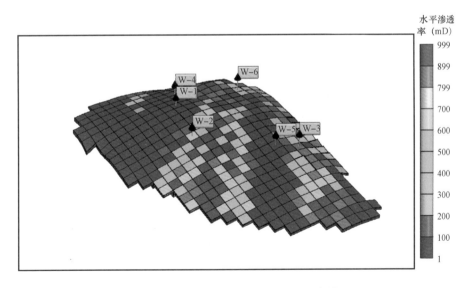

图 2.40　地质统计学建立的水平渗透率模型

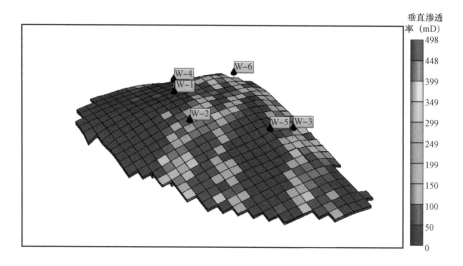

图 2.41 地质统计学建立的垂直渗透率模型

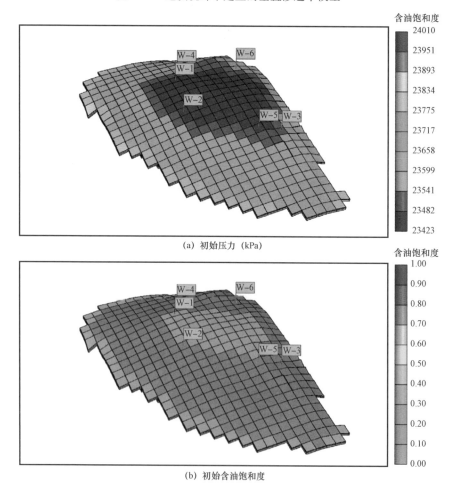

(a) 初始压力 (kPa)

(b) 初始含油饱和度

图 2.42 初始压力和初始含油饱和度示例

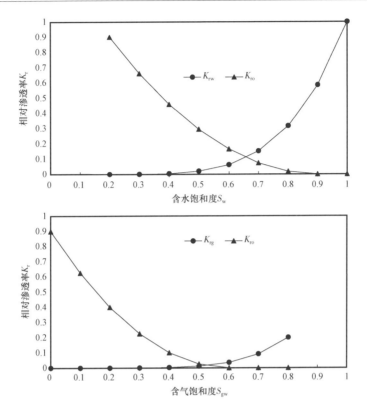

图 2.43 油水和油气的相对渗透率

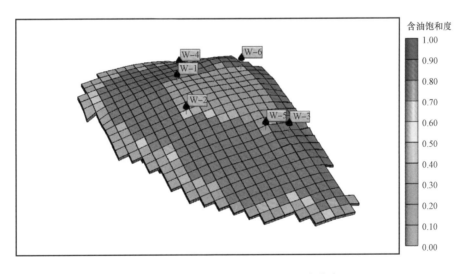

图 2.44 生产 8.5 年后的含油饱和度分布

在大多数提高采收率的过程中(例如混相气体注入),流体组分会发生变化,黑油模型则无法对这一特点进行模拟。在凝析气藏和挥发性油藏衰竭开采的模型中应考虑流体成分的变化。在这种情况下,油藏建模是通过组分模型完成的,其中油气包含 N 组分,而水是单独的一个组分。

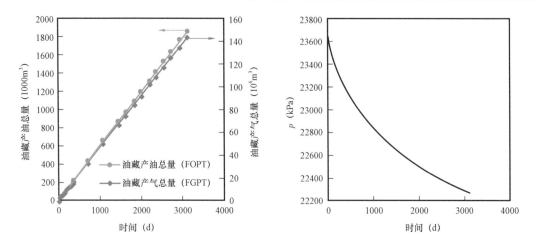

图 2.45　数值模拟结果

　　状态方程用于进行闪蒸计算,计算给定温度和压力下的流体性质。图 2.46 展示了用于组分建模的典型 PVT 数据。在组分模型中,必须在每个网格单元中的每个时间步执行闪蒸计算。因此,运行组分模型的时间远远超过了黑油模型。

```
-- PVT Properties section
-- Peng-Robinson EOS
EOS
PR      /

-- Component Name
CNAMES
CO2 C1 C2 C3 'C4+' /

-- Binary Interaction Coefficients
BIC
0.2266599
0.2014434    -0.0008224
0.0717683     0.0135731    .0054848
0.2078494     0.0979894    .0054848      0.0    /

-- Critical Properties
PCRIT
73.76 46.00 48.8 31.6 16.3 /

TCRIT
304.2 190.0 358.4 488.3 741.6 /

-- Molecular Weight
MW
44.01 16.2828 41.1450 78.9157  224.0000 /

-- Acentric Factor
ACF
0.2250000  0.0086486  0.1366165  0.2727326  0.5856574  /

-- Critical Z factor
ZCRIT
0.27490002  0.28971521  0.27810650  0.26666820  0.22416106 /

ZCRITVIS
0.1140665  0.3219673  0.1884522   0.5301314  0.2372103  /

-- Omega A
OMEGAA
0.44162560 0.50724604 0.38625979 0.51680264 0.28916907 /

-- Omega B
OMEGAB
0.06815855 0.09485338 0.06251260 0.03738579 0.06581219 /

-- Parachor
PARACHOR
79.7        77.536      141.415     250.576    676.333      /

-- Standard Conditions
STCOND
15.0 1.0 /

-- Oil Water Gas gravity
GRAVITY
45.5 1.01 0.7773 /

-- Reservoir temperature: Deg C
RTEMP
71.0 /
```

图 2.46　用于组分建模的典型 PVT 数据

组分模型中的控制方程如下(Aziz 等,2005):

$$\frac{\partial}{\partial x}\left(C_{ig}\rho_g\frac{K_g}{\mu_g}\frac{\partial p}{\partial x} + C_{io}\rho_o\frac{K_o}{\mu_o}\frac{\partial p}{\partial x} \right) + \frac{\partial}{\partial y}\left(C_{ig}\rho_g\frac{K_g}{\mu_g}\frac{\partial p}{\partial y} + C_{io}\rho_o\frac{K_o}{\mu_o}\frac{\partial p}{\partial y} \right)$$

$$+ \frac{\partial}{\partial z}\left(C_{ig}\rho_g\frac{K_g}{\mu_g}\frac{\partial p}{\partial z} + C_{io}\rho_o\frac{K_o}{\mu_o}\frac{\partial p}{\partial z} \right) = \frac{\partial}{\partial t}\left[\phi(C_{ig}\rho_g S_g + C_{ig}\rho_o S_o \right] \tag{2.54}$$

式中,C_{ig} 是气相中组分 i 的质量分数,C_{io} 是油相中组分 i 的质量分数,且满足以下关系

$$\sum_{i=1}^{Nc} C_{ig} = 1 \tag{2.55}$$

$$\sum_{i=1}^{Nc} C_{io} = 1 \tag{2.56}$$

在组分模型中必须求解的方程式数量取决于组分的数量。通常,在建模中对较轻的组分单独定义,然后将较重的组分统一定义为拟组分。如果涉及非烃类,则可能不得不单独定义。

在闪蒸计算中,使用状态方程(例如 Peng – Robinson),可以计算出油相和气相中各组分的摩尔分数。为此,需要将所有组分的以下目标函数最小化:

$$\sum_{i=1}^{Nc} \frac{z_i(K_i - 1)}{1 + V(K_i - 1)} = 0 \tag{2.57}$$

其中,z_i 是某一组分的总摩尔分数,K 是平衡常数(为组分 i 在气相中的摩尔分数与在液相中的摩尔分数的比值),V 是气相的物质的量,下标 i 表示第 i 个组分。

2.5 模型验证

对于使用模型和模拟器进行油藏研究的油藏工程师来讲,必须确保通过数值方法(油藏模拟器的输出)获得的解尽可能接近给定理论数学模型的解析解。有许多用于模型验证的方法,一种方法是定义一个已有解析解的问题(通常是一维问题),然后使用建模方法来对比结果,另一种方法是用一些石油工程中通用标准的问题来检查结果。石油工程师协会(SPE)发布了一系列针对各种问题计算结果对比的标准算例,通过不同的油藏模拟器模拟了这些问题,并将模拟结果进行了比较。

3 油藏数值模拟实验设计中的不确定性分析

3.1 简介

如第 2 章所述,油藏描述是油藏建模的关键一步。然而,由于储层的复杂性和信息的有限性,油藏描述通常进行的不全面也不准确。换句话说,油藏描述中始终存在不确定性,不可能准确地定义油藏(Zee Ma 和 La Pointe,2011)。

Schulze – Riegert 和 Ghedan(2007)提出了储层建模不确定性的三个来源:测量误差,数学误差和数据的不完整。几乎所有的实验数据和现场数据都会由于测量工具和人为失误而造成误差。通过使用现代、精确的工具以及利用我们越来越丰富的知识和经验,可以将这些类型的错误降至最低。当地质学家或工程师通过应用数学模型估算某些储层特性时,应考虑不确定因素,因为没有一个数学模型是完美的(数学模型经过了部分的简化)。除了提到的这些误差,油藏建模也无法得到所需的所有数据,因此必须通过其他方法估算出这些无法获得的数据。

3.2 数学建模中的误差

油藏建模中最常用的数学公式就是物质平衡和达西定律。

物质平衡方程如下:

$$\text{储层中的初始流体 – 产出流体 = 剩余流体}$$

或以数学公式表示:

$$F = N(E_o + mE_g + E_{f,w}) + (W_i + W_e)B_w + G_iB_g \tag{3.1}$$

其中 F 是全部(油,气和水)产出的流体:

$$F = N_p[B_o + (R_p - R_s)B_g] + W_pB_w \tag{3.2}$$

油和溶解气的体积膨胀 E_o 可以写成:

$$E_o = (B_o - B_{oi}) + (R_{soi} - R_s)B_g \tag{3.3}$$

对于气顶、岩石和水的膨胀,使用以下方程式:

$$E_g = B_{oi}\left(\frac{B_g}{B_{gi}} - 1\right) \tag{3.4}$$

$$E_{f,w} = -(1 + m)B_{oi}\left(\frac{C_r + C_wS_{wi}}{1 - S_{wi}}\right)\Delta p \tag{3.5}$$

其中 C 表示可压缩性,m 是初始气体体积与初始油体积之比。

使用物质平衡方程的假设条件如下(Islam 等,2007):

（1）岩石和流体性质为常数；

（2）达西定律适用于通过多孔介质流动；

（3）不同相之间完全分隔；

（4）储层的几何特征是已知的；

（5）来自 PVT 实验室的 PVT 数据适用于整个油藏。

应该注意的是，物质平衡方程对测得的油藏压力敏感，因此，该方程式不应在保压开发的油藏中使用（Islam 等，2007）。

使用达西定律，也有如下假设条件（Islam 等，2007）：

（1）单一均质的牛顿流体；

（2）流体与岩石之间无物理化学反应；

（3）层流状态；

（4）渗透率与压力、温度和流体类型无关；

（5）无动电效应。

通过应用物质平衡和达西定律得出的方程是可以数值求解的非线性方程。有限差分法是最常见的数值方法，其中使用泰勒级数将某些项截断因此产生了截断误差。

连续性方程中的离散化：笛卡尔坐标系中单相、三维流动的连续性方程为：

$$\frac{\partial}{\partial x}(\rho u) + \frac{\partial}{\partial}(\rho v) + \frac{\partial}{\partial z}(\rho w) + \frac{\partial}{\partial t}(\rho \phi) = 0 \tag{3.6}$$

其中 u, v 和 w 分别是 x, y 和 z 方向的速度，相应的 Darcy 方程为：

$$u = -\frac{K_x}{\mu}\left(\frac{\partial p}{\partial x} - \rho g \frac{\mathrm{d}D}{\mathrm{d}x}\right); v = -\frac{K_y}{\mu}\left(\frac{\partial p}{\partial y} - \rho g \frac{\mathrm{d}D}{\mathrm{d}y}\right); w = -\frac{K_z}{\mu}\left(\frac{\partial p}{\partial z} - \rho g \frac{\mathrm{d}D}{\mathrm{d}z}\right) \tag{3.7}$$

代入连续性方程（3.6）推导出偏微分方程为：

$$K_x \frac{\partial^2 p}{\partial x^2} + K_y \frac{\partial^2 p}{\partial y^2} + K_z \frac{\partial^2 p}{\partial z^2} = \phi \mu c \frac{\partial p}{\partial t} \tag{3.8}$$

可以使用标准有限差分逼近法对导数进行数值求解 $\frac{\partial^2 p}{\partial x^2}, \frac{\partial^2 p}{\partial y^2}, \frac{\partial^2 p}{\partial z^2}, \frac{\partial p}{\partial t}$。

x, y 和 z 坐标必须细分为多个网格单元，并且时间坐标必须分为离散的时间步长。然后，可以在每个时间步长上以数值求解每个网格中的压力。

通过将泰勒级数应用于压力函数，可以获得导数的近似值。

在恒定时间 t 处，压力函数可以由泰勒级数展开为：

$$p(x + \Delta x, t) = p(x, t) + p'(x, t)\Delta x + p''(x, t)\frac{(\Delta x)^2}{2} + p'''(x, t)\frac{(\Delta x)^3}{6} + \cdots$$

$$p(y + \Delta y, t) = p(y, t) + p'(y, t)\Delta y + p''(y, t)\frac{(\Delta y)^2}{2} + p'''(y, t)\frac{(\Delta y)^3}{6} + \cdots$$

$$p(z + \Delta z, t) = p(z, t) + p'(z, t)\Delta z + p''(z, t)\frac{(\Delta z)^2}{2} + p'''(z, t)\frac{(\Delta z)^3}{6} + \cdots$$

可以将压力的一阶导数写为向前离散化:

$$p'(x,t) = \frac{p(x,\Delta x,t) - p(x,t)}{\Delta x} + \varepsilon(\Delta x)$$

$$p'(y,t) = \frac{p(y,\Delta y,t) - p(y,t)}{\Delta y} + \varepsilon(\Delta y)$$

$$p'(z,t) = \frac{p(z,\Delta z,t) - p(z,t)}{\Delta z} + \varepsilon(\Delta z)$$

在恒定时间 t 处,压力函数也可以表示为:

$$p(x - \Delta x,t) = p(x,t) - p'(x,t)\Delta x + p''(x,t)\frac{(\Delta x)^2}{2} - p'''(x,t)\frac{(\Delta x)^3}{6} + \cdots$$

$$p(y - \Delta y,t) = p(y,t) - p'(x,t)\Delta y + p''(y,t)\frac{(\Delta y)^2}{2} - p'''(y,t)\frac{(\Delta y)^3}{6} + \cdots$$

$$p(z - \Delta z,t) = p(z,t) - p'(z,t)\Delta z + p''(z,t)\frac{(\Delta z)^2}{2} - p'''(z,t)\frac{(\Delta z)^3}{6} + \cdots$$

产生一阶导数的向后离散化:

$$p'(x,t) = \frac{p(x,t) - p(x - \Delta x,t)}{\Delta x} + \varepsilon(\Delta x)$$

$$p'(y,t) = \frac{p(y,t) - p(y - \Delta y,t)}{\Delta y} + \varepsilon(\Delta y)$$

$$p'(z,t) = \frac{p(z,t) - p(z - \Delta z,t)}{\Delta z} + \varepsilon(\Delta z)$$

添加泰勒的级数表达式,并求解二阶导数,得到以下近似值:

$$\left(\frac{\partial^2 p}{\partial x^2}\right)_i^t = \frac{p_{i+1}^t - 2p_i^t + p_{i-1}^t}{(\Delta x)^2} + \varepsilon(\Delta x^2)$$

$$\left(\frac{\partial^2 p}{\partial y^2}\right)_j^t = \frac{p_{j+1}^t - 2p_j^t + p_{j-1}^t}{(\Delta y)^2} + \varepsilon(\Delta y^2)$$

$$\left(\frac{\partial^2 p}{\partial z^2}\right)_k^t = \frac{p_{k+1}^t - 2p_k^t + p_{k-1}^t}{(\Delta z)^2} + \varepsilon(\Delta z^2)$$

ε 表示截断误差。

可以通过减小网格大小($\Delta x, \Delta y, \Delta z$)来减少截断误差。但是,可能会产生舍入误差和数值弥散。Chen(2007)将数值弥散定义为水驱替过程中水前沿的扩散。

数值弥散通常用 $a\frac{\partial^2 p}{\partial x^2}$ 表示,其中 a 定义为数值弥散系数。当物理意义上的扩散系数(菲克定律中的 D,$D\frac{\partial p}{\partial x}$)小于数值弥散系数时,数值弥散会变得更加严重(Chen,2007)。这种情况在油藏数值模拟中常有发生。

图 3.1 和图 3.2 显示了以下简单情况下精确解和近似解的比较：

$$\frac{\partial u}{\partial x} + \frac{\partial u}{\partial t} = 0 \tag{3.9}$$

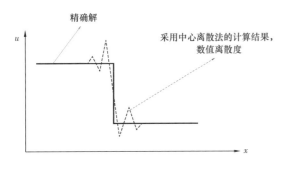
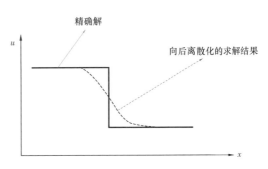

图 3.1　误差引起数值离散　　　　图 3.2　用有限差分法求解 PDE

如图所示,精确解与近似解之间的差异(使用有限差分)有可能比较大。

网格方向效应是使用有限差分法求解 PDE 的另一个缺点(Chen,2007;Mattax,1989)。当模型具有高流度比(驱替相的 K/μ 与被驱替相的 K/μ 之比)的情况时,这些影响更加严重。

所有这些都意味着,即使正确地进行了油藏描述,预测结果也可能与实际结果有所不同。

3.3　储层数据的不确定性

在油藏工程中,除了露头和地震数据外,其他所有数据都是从井与油藏相交的点收集的,这些点的体积小于储层体积的百分之一。此外,所有油藏都是非均质性的,各点物性不同。因此,油藏数据存在不确定性(不能 100% 确定数据),主要为井间的数据不确定性。应该注意的是,对于不同类型的数据,不确定性也是不一样的。

通常,油藏工程数据的不确定性可分为五类(Schulze - Riegert 和 Ghedan,2007)：

(1)地球物理数据的不确定性；

(2)地质数据的不确定性；

(3)动态数据的不确定性；

(4)PVT 的不确定性；

(5)现场数据(产量和压力)的不确定性。

在以下各节(Schulze - Riegert 和 Ghedan,2007)将讨论这些不确定性。

3.3.1　地球物理数据的不确定性

用于建立油藏构造和形态的地震数据存在不确定性。这些不确定性是在数据收集、数据处理和数据解释过程中产生,主要原因如下：

(1)数据收集错误；

(2)数据解释不确定；

(3)深度数据转换错误；

（4）初步解释中的误差；

（5）对应于储层顶部的波长的误差。

3.3.2　地质数据的不确定性

油藏建模中最不确定的数据也许来自地质数据。在地质数据中,不确定性涉及沉积特征、岩石类型(岩性)、岩石延伸范围和岩石性质。这些将导致以下不确定性：

（1）油藏总体积不确定性；

（2）沉积相方向和范围的不确定性；

（3）不同类型岩石延伸范围的不确定性；

（4）孔隙度的不确定性；

（5）有效厚度与总厚度比值的不确定性；

（6）流体界面的不确定性。

这些不确定性对油气地质储量评估和流体在油藏中流动的动态有一些影响。

3.3.3　动态数据的不确定性

本节考虑了影响流体在油藏中流动的所有参数的不确定性(例如绝对渗透率、垂直和水平渗透率、相对渗透率、断层传导率、注入能力、生产能力、表皮系数、毛细管压力和含水层性质)。这些不确定性会影响储量评估和产量剖面预测。

3.3.4　PVT 数据的不确定性

PVT 数据可以认为是不确定性最小的数据。PVT 数据的不确定性会影响地面设施的处理能力,油气的运输和销售。本节中的一些不确定因素是：

（1）流体样品的不确定性：采样的流体样品可能无法代表储层流体,这将影响提高采收率(EOR)方案设计；

（2）流体组分不确定性；

（3）测量 PVT 性质的不确定性；

（4）界面张力数据的不确定性。

3.3.5　现场生产数据的不确定性

除了上述不确定性外,现场生产数据还可能具有不确定性：

（1）产油量通常是系统、准确地测量的,而水油比(WOR)和气油比(GOR)的测量只是偶尔进行；

（2）因为产量波动时间较短,所以通常会将波动的产量平滑处理；

（3）产气量无法准确测量,尤其是将其一部分燃烧时；

（4）由于测量误差、流体漏失到其他层段(泄漏至套管等因素),导致注入数据的准确性不如生产数据；

（5）流动测试期间测得的压力通常不如关井时所测得的压力可靠。

3.4　不确定性分析

为了减少不确定性对油藏工程数据的影响和量化不确定性,通常会进行不确定性分析。

针对油藏建模不确定性分析有如下积极的作用：

(1)可以帮助油藏管理者做出决策；

(2)研究不同因素(参数)对所选的指标的影响(敏感性研究)；

(3)可以轻松比较不同方案的结果。

3.4.1　历史拟合

如前所述，油藏模型(在油藏描述的最后阶段构建)在数据和建模方面存在不确定性。因此，模型无法预测油藏的真实生产情况。油藏研究中的一种常用方法是修改储层属性，以使现场数据和模型结果相匹配，此方法称为历史拟合。一旦模型历史与现场数据匹配，就可以说在未来的生产条件下，该模型的结果将与实际油藏相同(仍处于可接受的误差范围内)。历史拟合的主要目的是对油藏参数进行有效性检查，历史拟合是一种迭代方法，可使用以下步骤来调整模型参数(Islam 等,2007)：

(1)确定目标(应拟合哪些油藏指标)；

(2)选择历史拟合的方法(因为历史拟合有不同的方法)；

(3)指定拟合标准(可接受的误差范围)；

(4)指定应调整的参数(通常选择最具影响力的参数)；

(5)运行模拟并报告结果；

(6)将结果与现场数据(观察到的数据)进行比较；

(7)更改油藏参数；

(8)重复步骤(5)至(7)。

在历史拟合研究中可以考虑的调整变量有：孔隙度、含水饱和度、渗透率、储层有效厚度、垂向水平渗透率比、断层传导率、含水层性质、孔隙体积、流体属性、岩石可压缩性、相对渗透率、毛细管压力、流体界面、井流入动态参数。

历史拟合阶段通常从拟合总产液量开始(此步骤很容易完成，因为井的生产限制条件就是总产液量)。下一步是通过改变孔隙体积、渗透率、可压缩性和含水层参数来拟合平均地层压力。在拟合地层压力之后，下一步是饱和度的拟合。Rietz 和 Palke(2001)指出，历史拟合所需的时间取决于要拟合模型的历史数据的年数、井数、网格单元数、相数、模拟类型(黑油或组分)、范围和目标。

历史拟合可以手动或自动完成。在手动历史拟合中，油藏模拟工程师运行模型，将模型结果与现场数据进行比较，并修改模型参数，以获取与历史相匹配的模型。这种类型的历史拟合是一个反复试验的过程，最后，模型和现场数据之间的差异将被最小化。

例如，一个包含 9000 个网格单元的油藏模型，主要调整其相对渗透率数据，如图 3.3 所示。根据估计的相对渗透率数据，最大油相相对渗透率和水相相对渗透率是 0.5，而最大气相相对渗透率是 1。需要拟合该油田的累计产油、产气和产水量(图 3.4)。使用前面提到的相对渗透率数据建立的初始模型的结果与现场数据略有不同(图 3.5)。一种改进拟合效果的方法是更改端点相对渗透率数据，如下：

$$最大油相相对渗透率 = 0.58$$

$$最大水相相对渗透率 = 0.60$$

$$最大气相相对渗透率 = 0.55$$

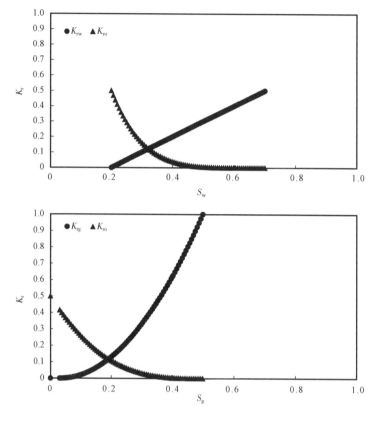

图 3.3　相对渗透率曲线

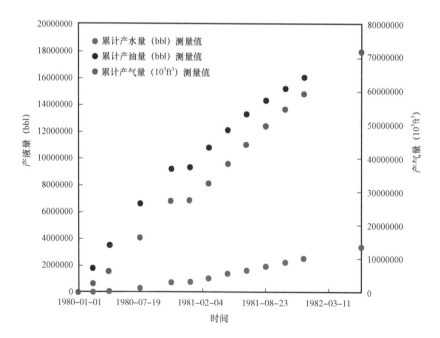

图 3.4　现场观测数据

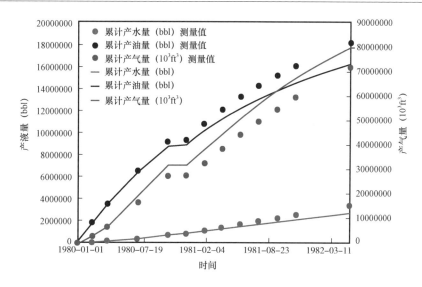

图 3.5　模型结果与现场观测数据对比

图 3.6 显示了拟合后的模型与现场数据的比较。显然,通过这些调整,模型可以很好地拟合现场数据。

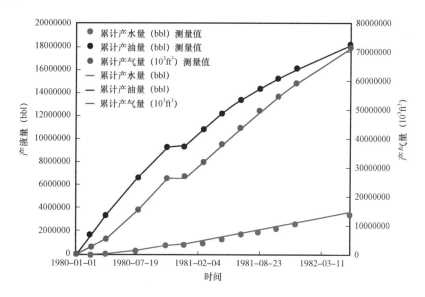

图 3.6　历史拟合后模型结果与现场观测数据对比

在自动历史拟合中,通过使用计算机逻辑来调整模型参数以最小化目标函数(用于比较模型结果和观测到的数据的函数):

$$目标函数 \ F = \sum \left[权重 \left(\frac{测量值 - 模拟计算值}{标准偏差} \right) \right]^2 \qquad (3.10)$$

自动历史拟合方法分为确定性方法和随机方法。确定性方法基于反演理论,而随机方法则是模仿反复试验方法。在确定性方法中,基于梯度的方法是最常用的方法,该方法试图将目标函数相对于模型参数(孔隙度、渗透率等)的梯度最小化。在随机方法中,遗传算法和实验设计是最有效的方法(Islam 等,2007)。

但是,历史拟合的模型不能保证模型的合理性,因为多个参数不同的模型可能会同时匹配现场观察到的数据(因为历史拟合是一个反演问题,因此没有唯一的解决方案)。这些拟合的模型会产生不同的预测结果,如图 3.7 所示。

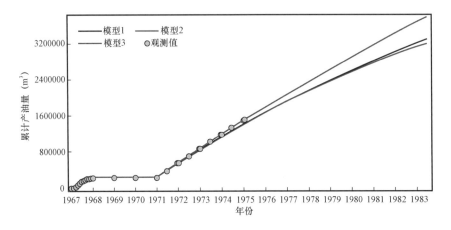

图 3.7 不同的历史拟合模型会导致不同的预测

3.4.2 不确定性分析的随机方法

多年来,蒙特卡洛模拟和实验设计的这两种随机方法已用于不确定性分析,量化不确定性则用到概率分布分析。换句话说,概率方法是可以用作不确定性分析并量化不确定性的可行方法(Deutsch 和 Journel,1992)。在下一节中,将详细介绍这些方法。

频率分布:频率是指某事件发生的频率。通过计算所有频率,可以构建频率分布。尽管频率分布可以表格或曲线图形式展示,图形展示更易于理解,最常见的图是直方图(图 3.8)。

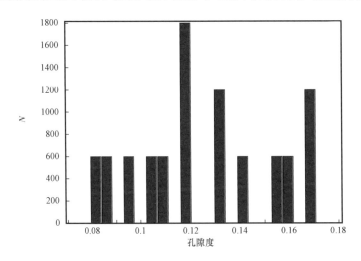

图 3.8 油藏孔隙度直方图示例

在统计中,数据(或样本)的特征通过一些有用的信息来描述,这些信息概括如下:

平均值:数据的算术平均值。

中位数:中位数是位于数据中心的采样点。

众数(最有可能):最频繁出现的点称为众数(图3.9)。

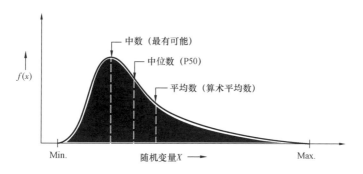

图3.9　均值、众数和中位数定义

方差:衡量数据分布的指标,是计算所有数据与平均值的平均平方差。方差的平方根称为标准方差。

随机变量:随机变量是为随机实验设计结果分配实际值的变量。随机变量的值会因偶然性而发生变化,并基于某些概率函数计算得到。尽管无法准确预测与随机变量相关的任何单个随机实验的结果,但可以通过大量试验来实现对总体结果的可靠预测。试验越多,预测将越准确(Sobol,1974)。随机变量可以是离散的也可以是连续的。

离散随机变量:是可以指定的任何有限个数或可计数列表的随机变量 x_i。离散随机变量具有值 x_i 的概率等于 $P(x_i)$,并且所有概率之和等于1。油藏建模中离散随机变量的示例是井数或岩石类型。

连续随机变量:是可以在一段数据间隔中采用任何数值的随机变量。在油藏建模中,可能的值是无限的,因此存在许多连续的随机变量(例如孔隙度和流体饱和度)的示例。

概率分布函数(PDF):概率分布函数是描述随机变量在给定范围内所有可能值的函数(图3.10)。

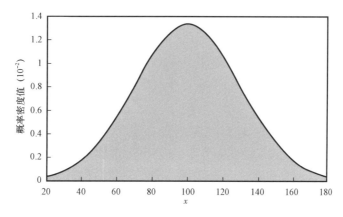

图3.10　概率分布函数(正态分布)的示例

累积分布函数(CDF):小于某个特定值的随机变量的概率。CDF 是通过加和概率来计算的(图 3.11)。

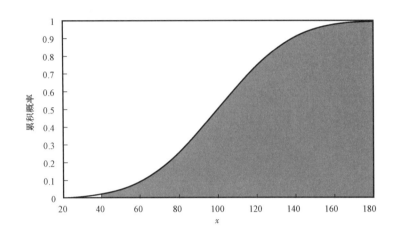

图 3.11 累积分布函数示例

变量分布:在统计中,每个随机变量都有一个分布。有一些具有特定特征的重要分布,其中,均匀、三角形、正态和对数正态分布是统计中最常用的函数。

均匀分布(a,b):最简单的分布,返回"a"和"b"之间的随机数。图 3.12 给出了束缚水饱和度在 0.2 到 0.4 之间变化的均匀分布示例。

三角分布(a,b,c):三角分布,最小值为"a",中位数为"b",最大值为"c"。图 3.13 是临界气体饱和度的三角分布的示例,其最小值为 0,中值为 0.075,最大值为 0.15。

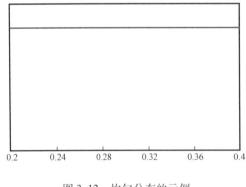

图 3.12 均匀分布的示例

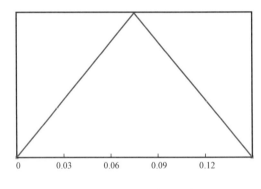

图 3.13 三角分布的示例

正态分布(a,b):正态分布是统计中最常见的分布。它呈钟形分布,平均值为"a",标准方差为"b"。图 3.14 显示了孔隙度的正态分布,平均值为 0.28,标准方差为 0.03。

对数正态分布(a,b):在对数正态分布中,变量的对数是正态分布。对数正态分布的平均值为"a",标准偏差等于"b"。图 3.15 显示了渗透率的对数正态分布,平均值为 6.2,标准偏差为 0.25。

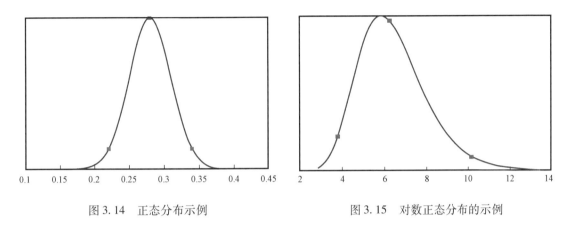

图 3.14　正态分布示例　　　　图 3.15　对数正态分布的示例

方案:用于分析将来可能发生事件的假设。每个方案都涉及一个新目标的建立。不同的开发策略则对应油藏建模中不同方案的模拟结果。

实现:方案中不同参数的变化称为实现。不同的流体界面,岩石物理性质和断层传导系数则是方案中各种实现的示例(图3.16)。

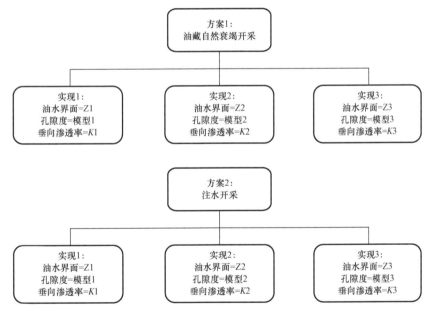

图 3.16　不同方案和实现的示例

3.4.3　蒙特卡洛模拟

蒙特卡洛是最有效的随机模拟方法之一,在不同行业中已使用了50多年。在石油工业中,此方法已用于压力瞬态分析、储量估算、物质平衡分析、风险评估、生产能力估算和历史数据拟合(Baldwin,1969;Gilman 等,1998;Murtha,1987,1993;Wiggins 和 Zhang,1993)。

与使用相同输入数据得出相同结果的确定性方法相反,蒙特卡洛模拟给出了结果的分

布,包含了有关因变量的关键信息(乐观的情况,最有可能发生的情况和保守的情况)
(图3.17)。

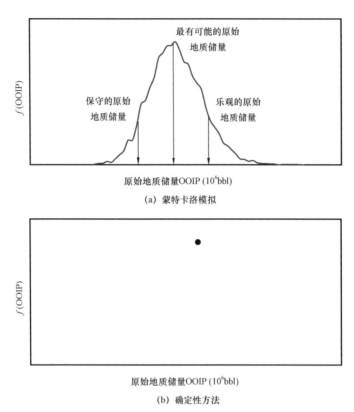

(a) 蒙特卡洛模拟

(b) 确定性方法

图3.17 蒙特卡洛模拟与确定性方法

实际上,蒙特卡洛方法是一个数学模型,其中因变量(例如烃类含量、累计产油量)是自变
量(例如孔隙度、渗透率、饱和度)的函数。自变量可能具有不同的分布(正态分布、三角形分
布、均匀分布……),分布函数是通过使用不同的参数确定的。然后将自变量的随机值输入数
学模型,并计算因变量。重复进行数千次迭代,最后生成因变量的分布。

在油藏工程中,蒙特卡洛模拟的最常见应用之一是评估油藏的原始地质储量(OOIP)。
OOIP 计算公式如下:

$$OOIP = \frac{\phi(1 - S_w)Ah}{B_{oi}}$$

在此,因变量(OOIP)与孔隙度(ϕ),水饱和度(S_w),储层体积(Ah)和初始原油体积系数
(B_{oi})的自变量相关。通过使用生成随机值的程序(如 Excel),为所有因变量生成随机值。然
后通过数学模型计算 OOIP,此过程重复了数千次,最后,生成 OOIP 的累积分布函数和概率密
度分布。应该注意的是,累积和概率密度分布在很大程度上取决于输入因子(独立变量)的分
布函数。

举例来说,假设使用表3.1 中所示的属性估算储层的 OOIP。

表 3.1　用于估算 OOIP 的储层参数

属性	分布函数	最小值	平均值	最大值	标准方差
孔隙度	普通对数		0.14		0.02
总体积	普通正三角		900000ft^3		2400ft^3
原油体积系数			1.34bbl(油藏)/bbl(地面)		0.06bbl(油藏)/bbl(地面)
含水饱和度		0.2	0.3	0.45	

　　图 3.18 和图 3.19 显示了上述参数的分布函数。图 3.20 中显示了在 10000 次模拟试验后由蒙特卡洛模拟估计的 OOIP 分布。根据蒙特卡洛模拟，OOIP 的乐观值为 77324×10^6bbl，最可能的值为 62600×10^6bbl，保守值为 49115×10^6bbl。

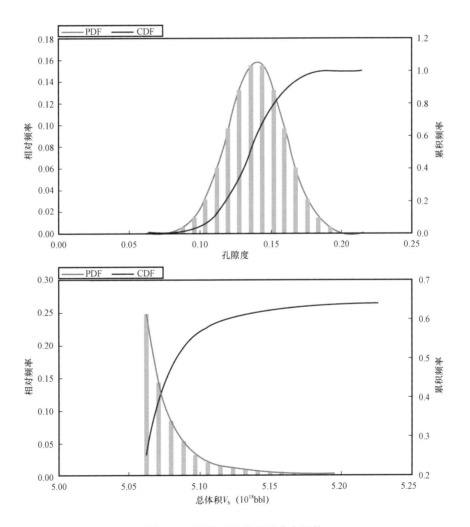

图 3.18　孔隙度和体积的分布函数

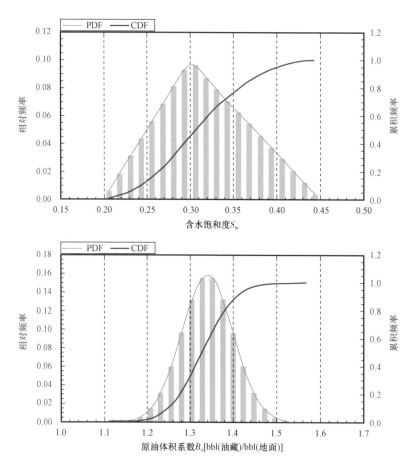

图 3.19　含水饱和度和原油体积系数的分布函数

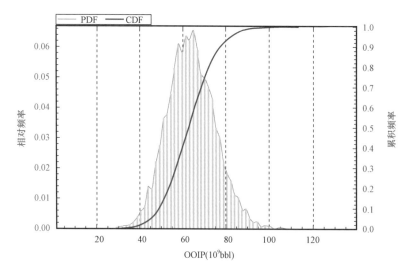

图 3.20　蒙特卡洛方法对 OOIP 的估计结果

3.5 实验设计

　　油藏工程师基于油藏模型模拟不同的方案,可以得到油藏最大可能的经济采收率。因此,测试不同的方案是油藏工程不可缺少的重要步骤,也是了解不同条件下油藏的生产情况的重要步骤。每个方案通常包括多个实现,要模拟所有可能出现的情况(实现)总是需要时间和成本。因此,希望以最低的成本进行最少的模拟以获得最大的信息量,而实验设计是优化流程、降低成本和时间的可行工具。通过实验设计,可以获得可靠、真实和有意义的数据结论,并用于指导方案设计。如果数据存在不确定性,那么实验设计则是分析不确定性最有效的方法之一。

　　实验设计也可广泛用于研究一种或多种因素对油藏模拟或者一个措施效果的影响。主要理念是每个油藏受某些主要因素的控制,这些因素会影响油藏的产量(图3.21)。实验设计使油藏工程师能够认识油藏并调整影响最大的参数,从而最大限度地提高油气产量,并达到最佳的油藏开发效果。

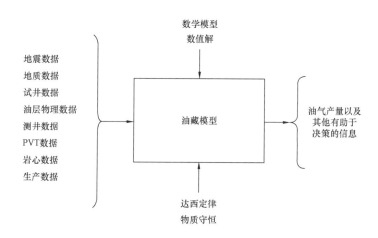

图 3.21　油藏系统的输入输出

　　观察不同参数对油藏影响的最简单方法之一是每次只改变一个参数法(OPAT)进行模拟。在这种方法中,"实现"从一个起点或基准值开始,然后每个参数在其范围内连续变化,而其他参数保持不变(Montgomery,2001)。完成所有"实现"后,分析在保持所有其他参数不变的情况下改变每个参数的效果。OPAT法的主要缺点是它无法考虑参数之间的任何可能的相互作用(Montgomery,2001)。

　　这里展示一个OPAT的示例:考虑研究具有六个不确定参数的裂缝性油藏,含水层厚度(AQTHICK),含水层孔隙度(AQPOR),含水层渗透率(AQPERM),形状因子(SIGMA),裂缝孔隙度(FracPOR)和油水接触面(WOC)。表3.2的上部显示了每个参数的范围。在具有3个级别的 N 个因子的OPAT设计中,总共可以设计实现的数量为 $3+2(N-1)$。在此示例中,不确定性参数是6个,因此可以设计实现的数量为13。表3.2的下部展示了这些实现。

表3.2 一次一参数(OPAT)方法示例

参数名称	描述	低值	中值	高值
AQPERM	含水层渗透率(mD)	1	5.5	10
AQPOR	含水层孔隙度	0.07	0.1	0.13
AQTHICK	含水层厚度(ft)	400	500	600
SIGMA	形状因数(ft^{-2})	0.02	0.04	0.06
FracPOR	裂缝孔隙度	0.001	0.002	0.003
WOC	水油接触(ft)	8400	8425	8450

设计	AQPERM	AQPOR	AQTHICK	SIGMA	FracPOR	WOC
基准模型	5.5	0.10	500	0.04	0.002	8425
模型1	1	0.10	500	0.04	0.002	8425
模型2	10	0.10	500	0.04	0.002	8425
模型3	5.5	0.07	500	0.04	0.002	8425
模型4	5.5	0.13	500	0.04	0.002	8425
模型5	5.5	0.10	400	0.04	0.002	8425
模型6	5.5	0.10	500	0.04	0.002	8425
模型7	5.5	0.10	500	0.02	0.002	8425
模型8	5.5	0.10	500	0.06	0.002	8425
模型9	5.5	0.10	500	0.04	0.001	8425
模型10	5.5	0.10	500	0.04	0.003	8425
模型11	5.5	0.10	500	0.04	0.002	8400
模型12	5.5	0.10	500	0.04	0.002	8450

3.5.1 实验设计的基本原则

在不确定性分析时,油藏工程师设置输入参数并分析其结果,然后尝试探索响应结果随不同输入参数的变化规律。其中还可能涉及影响响应结果的"麻烦的"输入变量(随机误差、测量误差、干扰和偏差)。如果工程师无法完全消除这些附加变量的影响,则可以进行相同输入参数的重复实验,以观察附加变量的变化引起的响应结果变化。一些技术可用来克服这种扰动并提高结果的可靠性,比如重复实验,随机化,块状化等。重复实验意味着实验者(例如油藏工程师)以随机顺序进行实验(获得观测值),这一过程输入相同一组参数,多次观察响应结果,实验者可以估计随机误差的大小和分布(Santner,Williams,Notz,2003)。通过重复实验,可以减少结果的标准方差,因此可以获取更准确的结果(Antony,2003)。随机化是随机进行实验(实现)的过程,有助于发现不同输入参数引起的响应结果变化。这是一种减少偏差影响的方法,通过随机化,消除了干扰因子对结果的影响。块状化是通过降低变量中的干扰因子(如班次、时间或机器间)的影响来提高设计精度的过程(Antony,2003),块状化过程中,在被定义为"块"的相对均质的条件中进行(Santner,Williams,Notz,2003)。

在油藏建模中,重复的油藏模拟在相同的一组输入参数下会产生相同的结果。因此,在将实验设计应用于油藏建模研究中时,在任何一组输入参数中都不会取得一个以上的观察结果,因此传统的重复实验、随机化和块状化原理在油藏建模研究中都不适用。

3.5.2 实验设计的结果

通过不确定性实验设计,可获得以下效果(Montgomery,2001;Antony,2003):

(1)识别输入参数和对应的输出结果;

(2)以更短的时间和更低的成本确定输入参数对输出结果的影响;

(3)确定影响结果最大的参数;

(4)找到输入参数与输出结果之间的关系;

(5)提高模拟结果的质量;

(6)协助决策,以优化流程并提高效率;

(7)精确确定输入参数以最小化输出结果的变化;

(8)通过精确控制影响参数来减少系统变化;

(9)确定输入参数的允许范围;

(10)更好地了解流程和系统性能。

为了有效地使用实验设计,建议遵循以下步骤(Montgomery,2001)。

3.5.2.1 不确定参数的识别

如3.3节所述,油藏建模中存在多种不确定参数,首先准备实验设计研究所需的不确定参数列表。为此,通常需要对问题进行分析,确定主要目的,通过使用分析模型,对问题有更好的理解。通常,一个大型的综合研究需要涵盖所有必要的事实,细节和问题。油藏建模中有一条黄金法则,即仅定义更大问题并不一定会得到更高的准确性和可靠性(Aziz等,2005)。

3.5.2.2 参数范围和级别

在研究不确定参数(因子)时,油藏工程师必须指定每个参数变化的范围。建议在初次调查时使用大范围(以筛选最有影响力的因素)。选择最有影响力的因素后,在随后的研究中,参数变化的范围通常会逐渐变窄。

在实验设计研究中,主要因素称为主要影响参数,反映主要参数之间的相互作用的效果称为交互效果。注意,在某些情况下,不能单独考虑主要因素的影响及其相互作用的影响,应将主要因素及其相互作用的影响合并在一起考虑(Antony,2003)。

除了参数的范围,还必须确定运行不同实现的级别。如果研究的目的只是通过最少运行次数确定关键因素(筛选),建议将参数等级水平的数量保持较低(两个级别的筛选效果很好)(Montgomery,2001)。

3.5.2.3 选择响应变量

响应变量(因变量)是反映研究目的的变量。应正确选择响应变量,这涉及到有关油藏及开发过程的有用信息。通常,在历史拟合中,井的含水率、气油比和油藏压力是响应变量。而在预测研究中,累计油气产量也会被视为响应变量。

3.5.2.4 设计选择

有关实验的设计方案,也有不同的选择。在选择设计方案时,应先考虑研究目的。最合适的是经典设计方法(Antony,2003),本书回顾并使用的全因子设计,部分因子设计,Plackett – Burman 设计(筛选设计)和 Box – Behnken 设计(中心组合设计)。

3.5.2.5 数据统计分析

在实验设计中,为了分析数据并获得客观结果和结论,需要采用统计方法。通常采用方差分析(ANOVA)的技术进行分析,在该技术中需要分析参数均值之间的差异。该技术将在下一部分中说明。

3.5.2.6 数据的图形分析

一些简单的图形方法也可以用于数据分析和解释,包括主要效果图、交汇图、立方体图、Pareto 图和 Tornado 图。

3.5.3 设计

3.5.3.1 两级全因子设计

最普遍、功能最强大的实验设计之一是全因子设计,它会运行不同参数不同级别组成的所有模拟。使用全因子设计,工程师能够研究参数与响应的对应关系。通过更改该参数的级别来研究每个参数对响应变量的影响。例如,如果油藏工程师有兴趣研究垂直渗透率和孔隙度对油藏累计产油量的影响,同时认为两个级别的垂直渗透率(10mD 和 22mD)和两个级别的孔隙度(0.10 和 0.14)很重要,那么完整的全因子实验将包括在垂直渗透率和孔隙度这些水平的四个可能组合中的每个组合上进行模拟运行。

最重要的因子设计是参数的数量 k,每个参数有两个级别。这些级别可以是定量的或定性的。完整的设计需要进行 2^k 次的运算,也被称为 2^k 全因子设计。具有两个级别的因子设计是用于参数筛选的合适方法(Montgomery,2001)。在 2^k 全因子设计中,具有 k 个主要影响,两个参数之间 $\binom{k}{2}\left(\dfrac{=k!}{2(k-2)!}\right)$ 个有相互作用效应,三个参数之间 $\binom{k}{3}$ 个有相互作用效应,以此类推。最简单的全因子设计是 2^2 个设计,其中两个参数分别有两个级别。每个参数的级别分为低(-1)和高($+1$)。

例如,一位油藏工程师正寻求一种方法来提高其所管辖区域内的油井产量,认为以下因素非常重要:

(1)完井类型(裸眼或套管井);

(2)井的类型(水平或垂直);

(3)完井管柱类型(带或不带油管);

(4)注入流体类型(注入酸或水力压裂)。

然后,得到四个因素,每个因素有两个级别。假设最初考虑了"井类型"和"注入流体类型"两个因素。图 3.22 显示了这种情况下的两个级别因子设计:使用水力压裂(或注水)的垂直井日产量为 90bbl/d,而酸化压裂(或注酸)的产量为 93bbl/d,而水力压裂的水平井则为 91bbl/d,如果通过酸化压裂进行增产,则为 92bbl/d。结果见表 3.3。

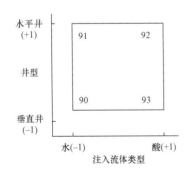

图 3.22 二级因子设计示例

表 3.3　注入流体和井型变化的结果

流体注入类型(设计值)	井的类型(设计值)	石油产量(bbl/d)
水(-1)	垂直井(-1)	90
水(-1)	水平井(+1)	91
酸(+1)	垂直井(-1)	93
酸(+1)	水平井(+1)	92

计算"注入流体类型"的效果(图 3.23)为：

$$\frac{93+92}{2} - \frac{91+90}{2} = 2$$

这意味着从水力压裂转向注酸将使原油产量增加 2bbl。

为了计算"井的类型"的影响(图 3.24)，可以这样写：

$$\frac{91+92}{2} - \frac{90+93}{2} = 0$$

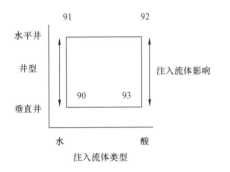

图 3.23　注入流体的影响

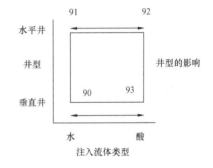

图 3.24　井型的影响

并通过从左至右对角线的平均生产率中减去正方形中从右至左对角线的平均生产率来获得"注入流体类型"与"井的类型"之间的交互作用效果的范围。(图 3.25)：

$$\frac{91+93}{2} - \frac{92+90}{2} = 1$$

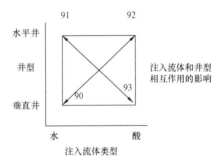

图 3.25　流体和井型相互作用的影响

该过程的结果可以如图 3.26 所示。显然，"注入流体类型"的影响大于"井型"或相互作用的影响。

现在，假设油藏工程师想研究三个因素的影响："油井类型""注入流体类型"和"油井完井类型"。由于每个参数都有两个级别，因此可以建立因子设计如图 3.27(立方体图)所示。注意，这三个参数每个有两个级别，所以组合了八个测试。这八个实验可以在几何上表示为立方体的角。这是个有 2^3 个运算的因子设计的示例，如表 3.4 所示。

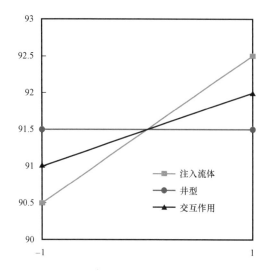

图 3.26　主要影响和交互作用图

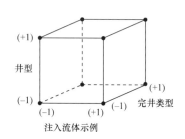

图 3.27　需要进行 2^3 个运算的全因子设计的示例

表 3.4　需要进行 2^3 个运算的全因子设计的示例

注入流体类型	井型	完井类型
水(−1)	垂直井(−1)	裸眼完井(−1)
水(−1)	垂直井(−1)	套管完井(+1)
水(−1)	水平井(+1)	裸眼完井(−1)
水(−1)	水平井(+1)	套管完井(+1)
酸(+1)	垂直井(−1)	裸眼完井(−1)
酸(+1)	垂直井(−1)	套管完井(+1)
酸(+1)	水平井(+1)	裸管完井(−1)
酸(+1)	水平井(+1)	套管完井(+1)

图 3.28 和表 3.5 说明了如何在有 2^4 个运算的因子设计中研究所有四个参数,即"完井类型""井类型""注入流体类型"和"完井管柱类型"。由于所有四个参数都有两个级别,因此该实验设计仍可以在几何上表示为立方体(实际上是超立方体)。

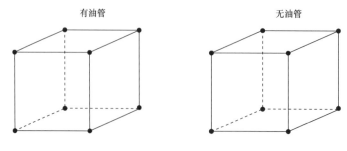

图 3.28　所有四个参数的设计

表 3.5　具有 4 个参数的全因子设计

注入流体类型	井型	完井类型	完井管柱类型
水(-1)	垂直井(-1)	裸眼完井(-1)	没有油管(-1)
水(-1)	垂直井(-1)	裸眼完井(-1)	有油管(+1)
水(-1)	垂直井(-1)	套管完井(+1)	没有油管(-1)
水(-1)	垂直井(-1)	套管完井(+1)	有油管(+1)
水(-1)	水平井(+1)	裸眼完井(-1)	没有油管(-1)
水(-1)	水平井(+1)	裸眼完井(-1)	有油管(+1)
水(-1)	水平井(+1)	套管完井(+1)	没有油管(-1)
水(-1)	水平井(+1)	套管完井(+1)	有油管(+1)
酸(+1)	垂直井(-1)	裸眼完井(-1)	没有油管(-1)
酸(+1)	垂直井(-1)	裸眼完井(-1)	有油管(+1)
酸(+1)	垂直井(-1)	套管完井(+1)	没有油管(-1)
酸(+1)	垂直井(-1)	套管完井(+1)	有油管(+1)
酸(+1)	水平井(+1)	裸眼完井(-1)	没有油管(-1)
酸(+1)	水平井(+1)	裸眼完井(-1)	有油管(+1)
酸(+1)	水平井(+1)	套管完井(+1)	没有油管(-1)
酸(+1)	水平井(+1)	套管完井(+1)	有油管(+1)

按照惯例,参数的低水平和高水平分别由"-"和"+"或"-1"和"+1"表示。图 3.29 展示了当研究三个因素[含水层体积(V_w),水平渗透率(K)和孔隙度(ϕ)]对现场生产情况的影响时的实验设计。

3.5.3.2　两级部分因子设计

显而易见,随着因子设计中因子数量的增加,"实现"的数量也会增加。例如,完整的 2^6 个设计需要 64 次运行。在此设计中,64 次运行中只有 6 次运行对应主要影响,而 15 次运行对应两个因子的相互作用。其余的运行与三因子和更多因子间的相互作用相关。完成

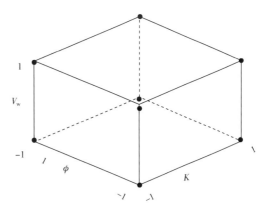

图 3.29　不确定参数的高低值

的运行次数越多,所需的预算和时间就越多。如果工程师可以合理地假设某些高阶交互作用(例如三阶和更高阶的交互作用)不重要,那么仅通过执行全因子实验的一小部分就可以获得有关主效应和二阶交互作用的信息,这种设计称为部分因子设计。部分因子设计是工业上最广泛且最常用的设计类型。这些设计通常以 $2^{(k-p)}$ 的形式表示,其中 k 是参数的数量,$1/2^p$ 代表 2^k 的全阶乘的分数。例如,$2^{(6-2)}$ 是 64 个全因子实验的{1/4}分数。这意味着仅用 16 次运行就可以对两级别三因子进行研究,而不是 64 次运行。

2^{3-1} 设计被称为分辨率Ⅲ设计,其中一个主要作用是分析两因子交互作用(C = AB)的混

叠,表 3.6 展示了这种类型的设计。在第Ⅳ分辨率设计中,两因子交互作用互相混叠(D = ABC),参见表 3.7。表 3.8 展示了五个因子的分辨率 V 设计,其中两个因子的交互作用与三个因子的交互作用相混叠(Montgomery,2001)。

表 3.6　分数阶乘设计,分辨率Ⅲ

2^{3-1} 设计	A	B	C = AB
运行 1	−1	−1	+1
运行 2	+1	−1	−1
运行 3	−1	+1	−1
运行 4	+1	+1	+1

表 3.7　分数阶乘设计,分辨率Ⅳ

2^3 设计	A	B	C	D = ABC
实验 − 1	−1	−1	−1	−1
实验 − 2	+1	−1	−1	+1
实验 − 3	−1	+1	−1	+1
实验 − 4	+1	+1	−1	−1
实验 − 5	−1	−1	+1	+1
实验 − 6	+1	−1	+1	−1
实验 − 7	−1	+1	+1	−1
实验 − 8	+1	+1	+1	+1

表 3.8　分数阶乘设计,分辨率 V

2^4 设计	A	B	C	D	E = ABCD
实验 − 1	−1	−1	−1	−1	+1
实验 − 2	+1	−1	−1	−1	−1
实验 − 3	−1	+1	−1	−1	−1
实验 − 4	+1	+1	−1	−1	+1
实验 − 5	−1	−1	+1	−1	−1
实验 − 6	+1	−1	+1	−1	+1
实验 − 7	−1	+1	+1	−1	+1
实验 − 8	+1	+1	+1	−1	−1
实验 − 9	−1	−1	−1	+1	−1
实验 − 10	+1	−1	−1	+1	+1
实验 − 11	−1	+1	−1	+1	+1
实验 − 12	+1	+1	−1	+1	−1
实验 − 13	−1	−1	+1	+1	+1
实验 − 14	+1	−1	+1	+1	−1
实验 − 15	−1	+1	+1	+1	−1
实验 − 16	+1	+1	+1	+1	+1

3.5.3.3 Plackett – Burman 设计

Plackett – Burman 设计(筛选设计),作为标准的两级筛选设计方法(NIST 信息技术实验室,2012)是最常用的部分因子设计方法之一。它可用于研究多达 $k = (N-1)/(L-1)$ 的因子,其中 L 是级别数,N(4 的倍数)是模拟运行数量。在 Plackett – Burman 设计中,所有参数的重要性都是相同的。

表 3.9 显示了用于生成 $N = 12$ 和 $k = 6$ 的 Plackett – Burman 设计的" +1"和" -1"列表。

表 3.9 6 个参数的 Plackett – Burman 设计

设计	A	B	C	D	E	F
设计 – 1	–1	–1	1	1	1	–1
设计 – 2	1	1	–1	1	–1	–1
设计 – 3	–1	1	–1	–1	–1	1
设计 – 4	1	1	–1	1	1	1
设计 – 5	–1	–1	–1	–1	–1	–1
设计 – 6	–1	–1	–1	1	1	1
设计 – 7	1	–1	–1	–1	1	1
设计 – 8	1	–1	1	1	–1	1
设计 – 9	–1	1	1	1	1	–1
设计 – 10	1	–1	1	–1	–1	–1
设计 – 11	–1	1	1	1	–1	1
设计 – 12	1	1	1	–1	1	1

3.5.3.4 三级设计

通常,在确定关键影响参数(筛选)后,需要进行三级设计,级别通常被定为低(-1)、中(0)和高(+1)三种。在研究三级设计时,自变量对因变量的影响不是线性的(Montgomery,2001)。

在三级别设计中,全因子设计(3^k)、部分因子设计($3^{(k-p)}$)和 Box – Behnken 是最常用的三种设计方法。图 3.30 显示了两个参数的三级别(-1,0, +1)全因子设计。很明显,如果存在多个参数,运行次数会变得非常大,例如,级别五个参数设计涉及 3^5 或 243 次运算。

Box – Behnken 是部分因子三级设计($3^{(k-p)}$)方法之一。已经证明,这种设计方法对确定所需的方案远行数量是有效的(Montgomery,2001)。表 3.10 列出了六个参数的三级 Box – Behnken 设计结果。

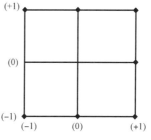

图 3.30 针对两个参数
三级的全因子设计

表 3.10　六个参数的三级的 Box – Behnken 设计

运行编号	A	B	C	D	E	F
EX_001	1	0	1	0	0	– 1
EX_002	0	– 1	0	0	1	– 1
EX_003	0	0	– 1	1	0	– 1
EX_004	0	0	1	– 1	0	– 1
EX_005	0	0	– 1	– 1	0	1
EX_006	1	0	0	– 1	– 1	0
EX_007	0	0	0	0	0	0
EX_008	1	0	0	1	1	0
EX_009	– 1	– 1	0	– 1	0	0
EX_010	0	0	– 1	– 1	0	– 1
EX_011	0	0	– 1	1	0	1
EX_012	– 1	0	0	– 1	1	0
EX_013	– 1	1	0	– 1	0	0
EX_014	1	1	0	1	0	0
EX_015	1	1	0	– 1	0	0
EX_016	0	0	1	1	0	– 1
EX_017	1	0	0	1	– 1	0
EX_018	0	– 1	0	0	1	1
EX_019	0	1	– 1	0	– 1	0
EX_020	1	0	0	– 1	1	0
EX_021	– 1	0	– 1	0	0	– 1
EX_022	– 1	0	1	0	0	– 1
EX_023	0	0	0	0	0	0
EX_024	– 1	0	1	0	0	1
EX_025	– 1	1	0	1	0	0
EX_026	0	1	1	0	– 1	0
EX_027	1	– 1	0	– 1	0	0
EX_028	0	1	– 1	0	1	0
EX_029	– 1	0	0	1	1	0
EX_030	0	0	0	0	0	0
EX_031	1	0	– 1	0	0	1

运行编号	A	B	C	D	E	F
EX_032	– 1	0	– 1	0	0	1
EX_033	0	0	1	– 1	0	1
EX_034	1	0	1	0	0	1
EX_035	0	– 1	– 1	0	1	0
EX_036	0	1	0	0	1	1
EX_037	0	1	0	0	1	– 1
EX_038	0	– 1	– 1	0	– 1	0
EX_039	0	– 1	0	0	– 1	1
EX_040	0	1	0	0	– 1	1
EX_041	1	0	– 1	0	0	– 1
EX_042	– 1	0	0	– 1	– 1	0
EX_043	0	– 1	1	0	1	0
EX_044	0	– 1	1	0	– 1	0
EX_045	0	– 1	0	0	– 1	– 1
EX_046	0	1	1	0	1	0
EX_047	0	1	0	0	– 1	– 1
EX_048	1	– 1	0	1	0	0
EX_049	– 1	– 1	0	1	0	0
EX_050	– 1	0	0	1	– 1	0
EX_051	0	0	1	1	0	1

3.5.3.5 拉丁超立方体设计

对"m"个参数进行"n"次运算的拉丁超立方体(LH)是 $n \times m$ 矩阵,其中每列由"n"等距间隔组成(Lazić,2004)。[0 1]设计空间中的拉丁超立方体设计 d_{ij} 的每个数组都是通过如下公式生成:

$$d_{ij} = \frac{l_{ij} + 0.5(n - 1) + u_{ij}}{n}; i = 1, 2, \cdots, n; j = 1, 2, \cdots, m \qquad (3.11)$$

其中 u_{ij} 是来自[0 1]的独立随机数,l_{ij} 是 LH 矩阵的数组。

表 3.11 给出了一个油藏研究的 LH 设计图,其中包含五个不确定因素:临界含水饱和度(S_{wc})、临界含气饱和度(S_{gc})、垂直渗透系数(K_v)、含水层体积(V_w)和含水层产能指数(AqPI)。各参数的变化范围也见表 3.11。在这个设计中,每个不确定参数被分成 16 个区间。为了方便起见,因子的最小和最大限度被转换为"– 1"和"+ 1"。

表 3.11 拉丁超立方体设计示例

因素	最小值	中值	最大值
临界含水饱和度(S_{wc})	0.22(−1)①	0.35(0)	0.48(+1)
临界含气饱和度(S_{gc})	0.04(−1)	0.08(0)	0.12(+1)
垂直渗透系数(K_v)	0.001(−1)	0.01(0)	0.1(+1)
含水层尺寸体积(V_w)	9×10^8(−1)	9×10^9(0)	9×10^{10}(+1)
含水层生产率指数(AqPI)	1500(−1)	5000(0)	15000(+1)

设计				
S_{wc}	S_{gc}	K_w	V_w	AqPI
0.30(−0.375)	0.12(1)	0.042(0.625)	5.06×10^9(−0.25)	2667(−0.5)
0.24(−0.875)	0.06(−0.5)	0.056(0.75)	1.2×10^{10}(0.125)	1500(−1)
0.25(−0.75)	0.08(−0.125)	0.001(−0.875)	2.85×10^9(−0.5)	6325(0.25)
0.27(−0.625)	0.09(0.25)	0.004(−0.375)	9×10^{10}(1)	5478(0.125)
0.42(0.5)	0.12(0.875)	0.007(−0.125)	1.6×10^9(−0.75)	3080(−0.375)
0.48(1)	0.07(−0.375)	0.006(−0.25)	3.8×10^{10}(0.625)	1732(−0.875)
0.38(0.25)	0.06(−0.625)	0.100(1)	3.8×10^9(−0.375)	11248(0.75)
0.37(0.125)	0.11(0.75)	0.032(0.5)	6.75×10^{10}(0.875)	9741(0.625)
0.35(0)	0.08(0)	0.010(0)	9×10^9(0)	4743(0)
0.40(0.375)	0.04(−1)	0.002(−0.625)	1.6×10^{10}(0.25)	8435(0.5)
0.46(0.875)	0.10(0.5)	0.002(−0.75)	6.75×10^9(−0.125)	15000(1)
0.45(0.75)	0.09(0.125)	0.075(0.875)	2.85×10^{10}(0.5)	3557(−0.25)
0.43(0.625)	0.07(−0.25)	0.024(0.375)	9×10^8(−1)	4108(−0.125)
0.29(−0.5)	0.05(−0.875)	0.013(0.125)	5.06×10^{10}(0.75)	7305(0.375)
0.22(−1)	0.10(0.375)	0.018(0.25)	2.13×10^9(−0.625)	12989(0.875)
0.32(−0.25)	0.11(0.625)	0.001(−1)	2.13×10^{10}(0.375)	2000(−0.75)
0.33(−0.125)	0.05(−0.75)	0.003(−0.5)	1.2×10^9(−0.875)	2310(−0.625)

注:① 括号中的值是设计值。

3.5.4 响应面

当一个系统或过程的输出受到多个变量(因子)的影响,并且我们想要优化输出时,响应面方法是一个发现响应与变量之间关系的有用工具。这种方法是数学和统计学的结合,通过一个简单的经验模型来优化输出。

在大多数情况,我们不知道响应与自变量之间的关系模式,所以第一步就是建立代替真实响应面与一组自变量之间函数关系的合理的近似。

为了找到合理的关系,通常以自变量的线性或二阶多项式为出发点。如果响应能由独立变量的线性函数很好地建模,则近似函数是:

$$y = \beta_0 + \beta_1 X_1 + \beta_2 X_2 + \beta_3 X_3 + \cdots + \beta_k X_k + \varepsilon \tag{3.12}$$

考虑相互作用的二阶响应面为：

$$y = \beta_0 + \sum \beta_i x_i + \sum \beta_{ii} x_{ii}^2 + \sum \sum \beta_{ij} x_{ij}$$

（3.13）

应用最小二乘法等回归技术求出上述响应面系数（β_k）。通过应用最小二乘法，可以通过最小化由实际响应和估计响应之间的平方偏差之和计算的残余误差，来拟合包含自变量的响应面。

需要注意的是，具有多个系数（β_k）的模型并不一定是最好的，同时如果一个只有几个系数的模型，可以通过添加其他系数以便显著地改进拟合结果（Steppan，Werner，Yeater，1998）。

回归模型的合理性检验是通过比较回归模型的总体误差的影响来完成的，这个比较是基于平方和（SYY）、回归平方和（SSR）和平方误差之和（SSE）：

$$SYY = \sum_{i=1} (Y_i - \overline{Y})^2$$

（3.14）

$$SSR = \sum_{i=1} (y_i - \overline{y})^2$$

（3.15）

$$SSE = \sum_{i=1} (y_i - Y_i)^2$$

（3.16）

其中 Y_i 是模拟输出，$\overline{Y}$ 是所有模拟输出的平均值，y_i 是响应面的估计输出，$\overline{y}$ 是所有估计输出的平均值。

计算回归平方和（SSR）和平方误差之和（SSE）之间的比值，然后与比值 F 进行比较：

$$F = \frac{\dfrac{SSR}{k}}{\dfrac{SSE}{n-p}} = \frac{MSR}{MSE}$$

（3.17）

其中 n 是点的数量，p 是响应模型中系数的数量。MSR 和 MSE 分别为回归均方误差和均方误差。

然后将计算出的 F 比值与标准 F 比值进行比较（见附录）。通常建议提供一个重要性水平 α；$100(1-\alpha)$ 被称为百分比置信区间，表示我们百分之 $100(1-\alpha)$ 确信这些组不是等价的（Gad，2006）。在附录 A 中，$\alpha = 0.05$。如果某一因素（参数）的计算比值 F 比大于附录 A 中的值，则该因素的影响应被视为一个重要因素，这种方法被称为 F 检验（Montgomery，2003）。

在确定响应面模型之后，必须弄清楚模型是否充分描述了数据特征。为了检验模型的准确性，常用的方法是使用决定系数（R^2）：回归平方和（SSR）与平方和（SYY）之比。这个系数在 0 到 1 之间。然而，接近 1 的 R^2 值并不一定能保证是一个好的模型，因为总是可以通过向模型方程中添加高阶项来增加 R^2，而不管添加到模型中的项的重要性如何（Steppan 等，1998）。为了克服这一问题，采用调整后的决定系数（$R^2_{adjusted}$）：

$$R^2_{adjusted} = 1 - \frac{MSE}{\left(\dfrac{SYY}{n-1}\right)}$$

（3.18）

其中 n 表示数据点的数量,当检查模型时,最好的模型将是一个具有较高 R^2_{adjusted}(或最低 MSE)的模型。

当回归模型时,自变量之间不应存在线性关系。然而,有时变量之间存在隐藏的关系。变量之间的关系会导致一个称为多重共线性的问题。在多重共线性中,由于系数方差的增加,系数的估计会变得不稳定,并且模型可能变得不准确(Steppan 等,1998)。要检查多重共线性,可以使用方差膨胀系数(VIF):

$$VIF = \frac{1}{R^2} \tag{3.19}$$

如果其中一个变量的 VIF 接近或大于 5,则与该变量共线性相关联。如果有两个或多个变量的 VIF 在 5 左右或大于 5,则必须从回归模型中删除其中一个变量(Steppan 等,1998)。

下面用一个例子来说明这个方法。

假设油藏工程师希望找到一个响应面,描述在最大含水饱和度下水相相对渗透率(K_{rw})、原生水饱和度下的油相相对渗透率(K_{ro}),原生水饱和度下的气相相对渗透率(K_{rg}),油水界面(WOC)、水平渗透率系数(K_x)和垂直渗透率系数(K_z)共六个不确定因素对总气田产量(FGPT)的影响。为了做这个研究,采用了具有一个中心点的 Plackett – Burman 设计。表 3.12 列出了设计结果,13 个模拟运算的 FGPT 模拟结果见表 3.13。

表 3.12　不确定因素变化范围

参数	符号	最小值	中值	最大值
最大含水饱和度下的水相相对渗透率	K_{rw}	0.2	0.6	1
原生水饱和度下的油相相对渗透率	K_{ro}	0.2	0.6	1
原生水饱和度下的气相相对渗透率	K_{rg}	0.2	0.6	1
油水接触面	WOC	9900	9950	10000
水平渗透率系数	K_x	0.1	1	10
垂直渗透率系数	K_z	0.1	1	10

运行编号	K_{rw}	K_{ro}	K_{rg}	WOC	K_z	K_x
1	0.20	0.20	1.00	10000	10	0.1
2	1.00	1.00	0.20	10000	0.1	0.1
3	0.20	1.00	0.20	9900	0.1	10.0
4	1.00	1.00	0.20	10000	10	0.1
5	0.20	0.20	0.20	9900	0.1	0.1
6	0.60	0.60	0.60	9950	1	1.0
7	0.20	0.20	0.20	10000	10	10.0
8	1.00	0.20	0.20	9900	10	10.0
9	1.00	0.20	1.00	10000	0.1	10.0
10	0.20	1.00	1.00	9900	10	0.1
11	1.00	0.20	1.00	9900	0.1	0.1
12	0.20	1.00	1.00	10000	0.1	10.0
13	1.00	1.00	1.00	9900	10	10.0

表 3.13　气田天然气总产量（FGPT）

运行编号	FGPT（10^6ft^3）
1	28.17205
2	24.9201
3	64.6562
4	36.71844
5	11.71267
6	118.0486
7	175.8971
8	171.8247
9	183.5038
10	82.88578
11	16.07094
12	112.399
13	173.6727

首先，选择响应面（FGPT）和六个因素之间的线性关系，并试图找到如下关系：

$$\text{FGPT} = \beta_0 + \beta_1 K_{rw} + \beta_2 K_{ro} + \beta_3 K_{rg} + \beta_4(\text{WOC}) + \beta_5 K_z + \beta_6 K_x \tag{3.20}$$

应用最小二乘法确定回归系数（β_i），结果见表 3.14 和图 3.31。重要性水平（α）为 0.05，因此任何重要性值高于 0.05 的变量都不显著。由表 3.14 可知，β_1、β_2、β_3 和 β_4 的回归系数具有较高的重要性值。所以，可以去掉它们，在不考虑这些变量（$K_{rw}, K_{ro}, K_{rg}, \text{WOC}$）的情况下进行回归：

$$\text{FGPT} = \beta_0 + \beta_1 K_z + \beta_2 K_x \tag{3.21}$$

表 3.14　线性回归结果

系数	占比	VIF	显著性水平
β_0	92.34		6.07065×10^{-5}
β_1	10.92	1.000	0.303038057
β_2	−7.661	1.000	0.459335046
β_3	9.248	1.000	0.376795639
β_4	3.399	1.000	0.737777178
β_5	21.33	1.000	0.070050174
β_6	56.79	1.000	0.001091388

方差分析				
来源	SS	SS%	MS	F	F Signif
回归	47456.9	88	7909.0	7.018	0.01595
残值	6762.1	12	1127.0		
总计	54219.0	100			

续表

总计	
IR	0.936
R^2	0.875
R^2_{adjusted}	0.751
共线性	1.000

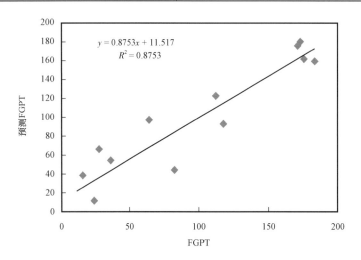

图 3.31　使用线性回归时预测的 FGPT 与 FGPT

　　然后试图找到新关系的系数[公式(3.21)]。再次执行最小二乘法回归。表 3.15 和图 3.32 展示了这种回归的结果。比较这两个模型中的 R^2_{adjusted}[式(3.20)和式(3.21)],可知第二个模型略优于第一个模型。

表 3.15　第二个模型的线性回归结果

系数	值	显著性水平	VIF
β_0	92.34	1.01735×10^{-6}	
β_1	21.33	0.04212	1.000
β_2	56.79	0.000101	1.000

方差分析				
来源	SS	SS%	MS	F	F Signif
回归	44157.9	81	22079.0	21.94	0.000220
残值	10061.1	19	1006.1		
总计	54219.0	100			

总计	
IR	0.902
R^2	0.814
R^2_{adjusted}	0.777
共线性	1.000

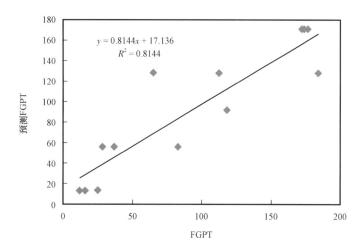

图 3.32　使用线性回归时预测的 FGPT 与 FGPT(第二个模型)

为了提高模型质量,油藏工程师决定使用线性回归法,变量之间的相互作用如下:

$$FGPT = \beta_0 + \beta_1 K_x + \beta_2 K_{ro} K_x + \beta_3 K_{rw} K_x + \beta_4 K_{rg}(WOC) \tag{3.22}$$

最小二乘法的结果如表 3.16 和图 3.33 所示。显然,在这种情况下,考虑参数间的相互作用可以改善 FGPT 与不确定参数之间的关系。

表 3.16　变量相互作用的线性回归结果

系数	占比	显著性水平	VIF
β_0	92.34	8.00314×10^{-8}	
β_1	63.00	3.78058×10^{-6}	1.167
β_2	-16.21	0.02097	1.167
β_3	24.64	0.002429	1.167
β_4	-18.63	0.01975	1.500

方差分析				
来源	SS	SS%	MS	F	F Signif
回归	51585.4	95	12896.4	39.18	2.67511×10^{-5}
残值	2633.6	5	329.20		
总计	54219.0	100			

总计	
IR	0.975
R^2	0.951
$R^2_{adjusted}$	0.927
共线性	0.667

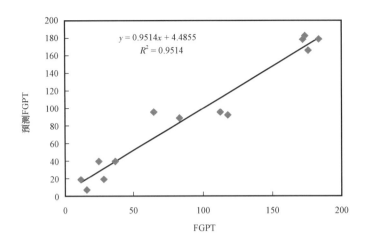

图 3.33 当使用变量相互作用的线性回归时预测的 FGPT 与 FGPT

图 3.34 展示了作为 K_x 和 K_{rw} 函数的 FGPT 三维响应面。

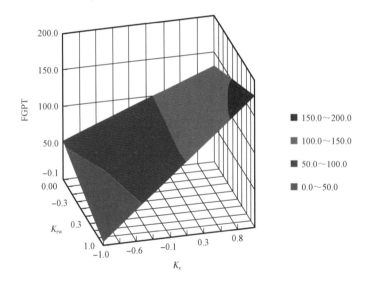

图 3.34 响应面三维图

3.5.5 敏感性分析

    在油藏建模中，我们考虑了一些被认为会影响油藏动态（响应）的输入参数。然而，在分析响应之后，我们可能会发现一些输入对响应的影响很小。这意味着响应对这些输入的变化不敏感。因此，可以说在油藏研究的敏感性分析中，需要确定对油藏动态影响最大和最小的输入参数。显然，敏感性分析可以更好地理解不同参数对结果的影响。从敏感性分析中获得的信息可用于指导其他计算，如历史拟合和预测油藏的未来动态。敏感性分析也有助于确定哪些因素应该变化的大致范围。通过敏感性分析，可以确定输入因素之间是否存在交互作用。如果输入参数之间没有交互作用，则每个输入对响应的影响独立于其他输入的值。在进行敏感性分析后，可将不敏感输入设为固定值，从而研究其他敏感因素对油藏动态的影响。

通过参考回归模型(响应面模型)并比较回归系数来确定参数的敏感性。通常,所有的输入和响应变量都进行标准化,然后将回归模型的结果绘制在帕累托图上。标准化需要将变量的平均值减去变量值,然后将结果除以变量的标准差(Santner 等,2003)。

为了开展敏感性分析,首先创建一个基准油藏模型(基准实例)。在基准模型中,包括不确定参数在内的油藏模型的所有参数都有值,并建立研究油藏动态需要关注的模拟结果(目标函数)。接下来的步骤是选择具有不确定性的参数,并指定这些不确定性参数的范围(开始为每个因素指定一个较宽的范围)。然后选择合适的实验设计对影响因素进行筛选,两级 Plackett – Burman设计是最常用的设计。选择一个实验设计后,会生成几个实例,并通过适当的油藏模拟软件包进行运算。接下来使用回归模型来拟合指定的模拟结果,绘制帕累托图是评估输入的不确定参数重要性的最后阶段,忽略对结果影响较低的参数。敏感性分析工作流程如图 3.35所示。

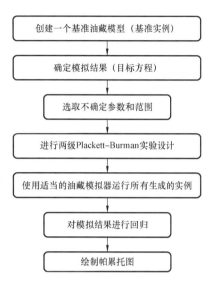

图 3.35　敏感性分析工作流程图

4 实验设计方法应用典型案例

4.1 案例简介

自 2000 年以来,实验设计已广泛用于油藏工程研究(Cheong 和 Gupta,2005;Corre 等, 2000;Friedmann 等,2001;Khosravi 等,2012;Peake 等,2005;Portella 等,2003;White 和 Royer, 2003;White 等,2001),使用该方法的主要目的是以最低的成本获得最大的信息量。

在这一章中,选择了六种不同的案例,以阐述实验设计在油藏工程研究中的应用。在每项案例分析中,使用两级 Plackett – Burman 实验设计来找出最有影响的参数。筛选后, 采用三级实验设计对储层动态进行模拟。在每个案例研究的最后,进行蒙特卡洛模拟,以预测油藏动态,评估风险。案例分析内容如下:

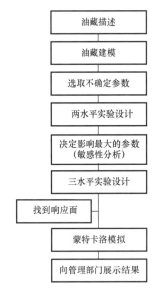

案例分析 1:第九个 SPE 比较方案;

案例分析 2:中东欠饱和裂缝性油藏;

案例分析 3:PUNQ 案例;

案例分析 4:稠油油藏蒸汽辅助重力驱;

案例分析 5:Barnett 页岩气藏;

案例分析 6:混相 WAG 注入。

每项案例分析的一般步骤如图 4.1 所示。

图 4.1 案例分析的一般步骤

4.2 案例分析 1

第一个案例是采用基于地质统计学的渗透率场数据描述一个强非均质性的储层。油藏建模数据取自第九个 SPE 比较方案(Killough,1995)。由于采用地质统计学生成油藏渗透率,预计生成的渗透率数据具有不确定性。在本案例分析中,实验设计被应用于不确定性评估。

4.2.1 第九个 SPE 比较方案

Killough 在 1995 年对第九个 SPE 比较方案的油藏特征进行了描述。它是一个在 x 方向 10°倾角的倾斜油藏,油藏总厚度为 359ft,分为 15 层。平均孔隙度为 13%,每层的孔隙度和厚度见表 4.1。层 4、6、7 和 15 的孔隙度高于 15%,层 1、2 和 8 的孔隙度低于 10%。

油气 PVT 特征见表 4.2。参考深度 9035ft 处的初始储层压力和温度分别为 3600psi 和 100℉。3600psi 时的油的压力梯度为 0.39psi/ft,地面脱气原油密度为 0.7206g/cm³,残余油分子量为 175。地面脱气水密度为 1.0095g/cm³,地层水体积系数为 1.0034 bbl(油藏)/bbl(地面),压力梯度为 0.436psi/ft。

表 4.1　不同层的厚度和孔隙度(案例分析 1)

层号	厚度(ft)	孔隙度
1	20	0.087
2	15	0.097
3	26	0.111
4	15	0.16
5	16	0.13
6	14	0.17
7	8	0.17
8	8	0.08
9	18	0.14
10	12	0.13
11	19	0.12
12	18	0.105
13	20	0.12
14	50	0.116
15	100	0.157

表 4.2　PVT 特征(案例分析 1)

p(psi)	R_s(ft^3/bbl)	B_o(ft^3/ft^3)	Z	μ_o(cP)	μ_g(cP)
14.7	0	1	0.9999	1.2	0.0125
400	165	1.012	0.8369	1.17	0.013
800	335	1.0255	0.837	1.14	0.0135
1200	500	1.038	0.8341	1.11	0.014
1600	665	1.051	0.8341	1.08	0.0145
2000	828	1.063	0.837	1.06	0.015
2400	985	1.075	0.8341	1.03	0.0155
2800	1130	1.087	0.8341	1	0.016
3200	1270	1.0985	0.8398	0.98	0.0165
3600	1390	1.11	0.8299	0.95	0.017
4000	1500	1.12	0.83	0.94	0.0175

　　油藏最初处于欠饱和状态,其初始油水界面高度估计为 9950ft。

　　生产井 25 口,注水井 1 口。所有生产井在第 2、第 3、第 4 层完井,注水井在第 11、12、13、14、15 层完井。最高产油量已设定为 1500bbl/d,并持续生产 300d。从第 300 天到第一年生产结束,产油量降至 100bbl/d。然后,产油量再次增加到 1500bbl/d,并一直保持不变,直到模拟结束(900d)。在 9110ft 深度处,所有油井的最小井底流动压力设定为 1000psi。最大注水量为 5000bbl/d,深度为 9110ft 时最大井底压力为 4000psi。经过 900d 的生产,累计产油量为 18.24

$\times 10^6 \mathrm{bbl}$。

本研究的目的是建立一个油藏模型,以拟合 900d 的累计产油量,然后预测后 5 年的产油量。为此,油藏划分为 9000 网格($24 \times 25 \times 15$)的笛卡儿网格。X 和 Y 方向的网格尺寸为 300ft,第一个单元$(1,1,1)$位于 9000ft 深。绝对渗透率分布由地质统计学建立,其数据直方图如图 4.2a 所示。油气和油水的相对渗透率是通过 Corey 关系式得到,如图 4.2b 所示。

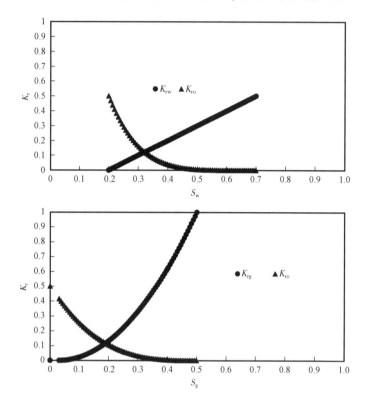

图 4.2a 相对渗透率曲线(案例分析 1)

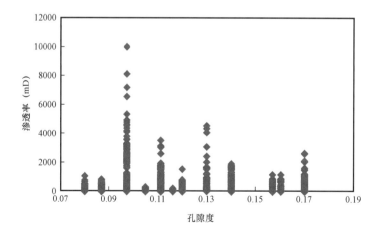

图 4.2b 不同层的渗透率(案例分析 1)

4.2.2 不确定参数

相对渗透率数据(特殊的岩心数据)、水平和垂直渗透率值(由地质统计学得到)和初始油水界面(未钻遇水层)被认为是不确定参数。通过实验设计,研究了这些参数(油相最大相对渗透率 K_{ro}、水相最大相对渗透率 K_{rw}、气相最大相对渗透率 K_{rg}、垂直和水平渗透率系数 K_z 和 K_x、油水接触面(OWC)对累计产油量的影响。表 4.3 列出了不确定参数及其最大最小值。

表 4.3　定义不确定参数(案例分析 1)

参数	符号	最低值	中值	最高值
S_{wmax} 处的 K_{rw}	K_{rw}	0.2	0.6	1
S_{wc} 处的 K_{ro}	K_{ro}	0.2	0.6	1
S_{wc} 处的 K_{rg}	K_{rg}	0.2	0.6	1
油水界面(ft)	WOC	9900	9950	10000
垂直渗透率系数	K_z	0.1	1	10
水平渗透率系数	K_x	0.1	1	10

4.2.3 实验设计

第一步是通过两级实验设计筛选不确定因素。在这里,采用 Plackett – Burman 设计,见表 4.4。该设计的分析如 Pareto 图所示(图 4.3),它表明,这六个因素都是影响累计产油量的重要参数。

表 4.4　Plackett – Burman 设计

编号	K_x	K_z	WOC(ft)	K_{rg}	K_{ro}	K_{rw}
1	0.1	10	10000	1.00	0.20	0.20
2	0.1	0.1	10000	0.20	1.00	1.00
3	10.0	0.1	9900	0.20	1.00	0.20
4	0.1	10	10000	0.20	1.00	1.00
5	0.1	0.1	9900	0.20	0.20	0.20
6	1.0	1	9950	0.60	0.60	0.60
7	10.0	10	10001	0.20	0.20	0.20
8	10.0	10	9900	0.20	0.20	1.00
9	10.0	0.1	10000	1.00	0.20	1.00
10	0.1	10	9900	1.00	1.00	0.20
11	0.1	0.1	9900	1.00	0.20	1.00
12	10.0	0.1	10000	1.00	1.00	0.20
13	10.0	10	9900	1.00	1.00	1.00

为了找出这六个因素的合理取值,并与 900 天生产结束时的累计产油量数据相吻合,采用 Box – Behnken 三水平实验设计。结果见表 4.5,其中最后两列是生产 900 天和 5 年后的累计产油量。下表显示,第 27 次运算可与油田产量(18.2×10^6 bbl)相一致。

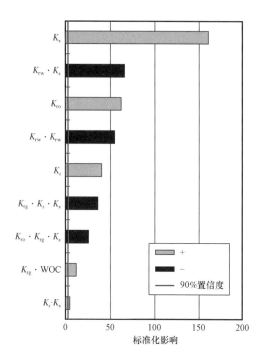

图 4.3　使用 Plackett – Burman 设计的帕累托图（案例分析 1）

表 4.5　Box – Behnken 设计和结果（案例分析 1）

编号	K_{rw}	K_{ro}	K_{rg}	WOC(ft)	K_z	K_x	900 天内的 FOPT(10^6bbl)	5 年内的 FOPT(10^6bbl)
1	1.00	0.60	1.00	9950	1	0.1	13.3	19.5
2	0.60	0.20	0.60	9950	10	0.1	7.578	11.65
3	0.60	0.60	0.20	10000	1	0.1	13.64	23.11
4	0.60	0.60	1.00	9900	1	0.1	12.79	18.24
5	0.60	0.60	0.20	9900	1	10.0	30.89	36.67
6	1.00	0.60	0.60	9900	0.1	1.0	24.21	29.29
7	0.60	0.60	0.60	9950	1	1.0	26.56	29.39
8	1.00	0.60	0.60	10000	10	1.0	24.67	24.91
9	0.20	0.20	0.60	9900	1	1.0	18.72	21.05
10	0.60	0.60	0.20	9900	1	0.1	12.81	20.88
11	0.60	0.60	0.20	1000	1	10.0	31.35	42.78
12	0.20	0.60	0.60	9900	10	1.0	21.29	21.35
13	0.20	1.00	0.60	10000	1	1.0	27.71	30.00
14	1.00	1.00	0.60	10000	1	1.0	29.35	34.91
15	1.00	1.00	0.60	9900	1	1.0	27.57	29.90
16	0.60	0.60	1.00	10000	1	0.1	13.70	20.69
17	1.00	0.60	0.60	10000	0.1	1.0	26.34	34.19

续表

编号	K_{rw}	K_{ro}	K_{rg}	WOC(ft)	K_z	K_x	900 天内的 FOPT(10^6bbl)	5 年内的 FOPT(10^6bbl)
18	0.60	0.20	0.60	9950	10	10.0	20.84	20.84
19	0.60	1.00	0.20	9950	0.1	1.0	28.8	43.46
20	1.00	0.60	0.60	9900	10	1.0	20.91	20.94
21	0.20	0.60	0.20	9950	1	0.1	13.34	22.22
22	0.20	0.60	1.00	9950	1	0.1	13.33	19.45
23	0.60	0.60	0.60	9950	1	1.0	26.56	29.39
24	0.20	0.60	1.00	9950	1	10.0	28.90	28.93
25	0.20	1.00	0.60	10000	1	1.0	29.28	33.68
26	0.60	1.00	1.00	9950	0.1	1.0	27.71	32.86
27	1.00	0.20	0.60	9900	1	1.0	18.20	19.85
28	0.60	1.00	0.20	9950	10	1.0	28.74	34.05
29	0.20	0.60	0.60	10000	10	1.0	23.73	23.83
30	0.60	0.60	0.60	9950	1	1.0	26.56	29.39
31	1.00	0.60	0.20	9950	1	10.0	31.23	38.69
32	0.20	0.60	0.20	9950	1	10.0	30.99	41.39
33	0.60	0.60	1.00	9900	1	10.0	25.70	25.70
34	1.00	0.60	1.00	9950	1	10.0	27.16	27.17
35	0.60	0.20	0.20	9950	10	1.0	20.74	23.46
36	0.60	1.00	0.60	9950	10	10.0	29.41	29.41
37	0.60	1.00	0.60	9950	10	0.1	16.40	20.63
38	0.60	0.20	0.20	9950	0.1	1.0	17.90	26.33
39	0.60	0.20	0.60	9950	0.1	10.0	21.55	22.34
40	0.60	1.00	0.60	9950	0.1	10.0	31.34	37.42
41	1.00	0.60	0.20	9950	1	0.1	13.28	22.07
42	0.20	0.60	0.60	9900	0.1	1.0	24.58	30.05
43	0.60	0.20	1.00	9950	10	1.0	16.36	16.38
44	0.60	0.20	1.00	9950	0.1	1.0	16.68	20.95
45	0.60	0.20	0.60	9950	0.1	0.1	6.492	11.29
46	0.60	1.00	1.00	9950	10	1.0	22.89	22.90
47	0.60	1.00	0.60	9950	0.1	0.1	15.98	25.86
48	1.00	0.20	0.60	10000	1	1.0	20.78	24.30
49	0.20	0.20	0.60	10000	1	1.0	20.63	24.23
50	0.20	0.60	0.60	10000	0.1	1.0	26.41	34.02
51	0.60	0.60	1.00	10000	1	10.0	29.89	29.97

4.2.4 响应面

在该研究阶段,试图找出累计产油量(FOPT)与所选六个参数之间的关系。使用非线性回归方法,得到以下关系式:

$$\begin{aligned}
\text{FOPT} = & b_0 + b_1 K_x + b_2 K_{ro} + b_3 K_{rg} + b_4 K_z \\
& + b_5 \text{WOC} + b_6 K_{rg} K_x + b_7 K_x K_x + b_8 K_{ro} K_{ro} + b_9 K_{rg} K_{rg} \\
& + b_{10} K_{ro} K_z + b_{11} K_z K_z + b_{12} K_{ro} K_{rg}
\end{aligned}$$

计算的响应面回归系数(b_i)见表4.6,响应面如图4.4和图4.5所示。

表4.6 响应面系数(案例分析1)

b_0	29.00
b_1	6.072
b_2	5.518
b_3	− 3.850
b_4	− 3.238
b_5	1.945
b_6	− 2.335
b_7	− 3.374
b_8	− 1.662
b_9	1.742
b_{10}	− 1.501
b_{11}	− 1.580
b_{12}	− 1.161

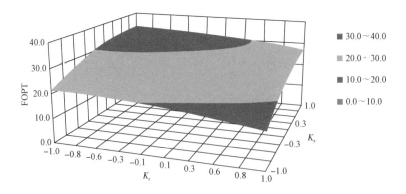

图4.4 垂直和水平渗透率对油田产量的影响(案例分析1)

然后将上述关系式应用到蒙特卡洛模拟中,求出 FOPT 的累积分布。在蒙特卡洛模拟中,需要定义各因素的分布函数。在该案例分析中,选取每个因素为正态分布。图4.6显示运行了5000个"实现"的结果,这表示5年后,油藏累计产油量可能为 26.16×10^6 bbl。

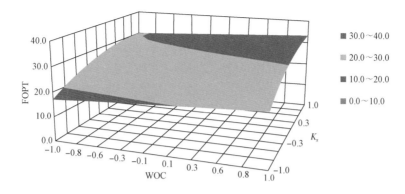

图 4.5　水平渗透率和油水界面对油田生产的影响(案例分析 1)

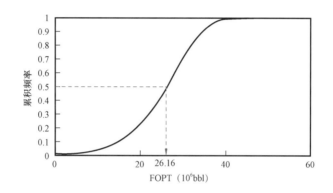

图 4.6　油田产量累积分布(案例分析 1)

4.3　案例分析 2

中东碳酸盐岩储层占世界一半的石油储量(Middle East & Asia Reservoir Review,1997)。在中东产油国中,伊朗拥有 1578×10^8 bbl 的探明储量,是仅次于沙特阿拉伯的第二大国家(OPEC,2014)。伊朗的石油资源主要集中在碳酸盐岩储层中,碳酸盐岩储层普遍是裂缝性的,通常非常复杂。

一般情况下,裂缝性储层的三个组成部分包括:(1)裂缝网络;(2)裂缝内的填充物质;(3)裂缝之间的基质岩块(Dietrich 等,2005)。在伊朗碳酸盐岩裂缝性储层中,大部分油气赋存于基质中,裂缝起着优先流动通道的作用。基质中的流体流动条件通常很差(由于基质的低渗透性),生产石油所需的时间比砂岩油藏长。由于裂缝中几乎没有压降,水和天然气很容易通过裂缝,这导致基质岩块的残余油饱和度高于非裂缝性油藏的残余油饱和度。

为了对裂缝性储层进行描述和建模,需要识别裂缝大小、裂缝距离、裂缝密度、裂缝开度、裂缝方向和基质岩块大小等特征。然而,由于几何复杂性和大量的裂缝/基质和基质/基质流动过程所涉及的复杂问题,在天然裂缝性油藏建模时需要进行一些简化。最常见的三种模型是双孔单渗(DPSP)模型、双孔双渗(DPDP)模型和单孔单渗(SPSP)模型(Dietrich 等,2005)。

第二个案例展示了一个欠饱和裂缝性碳酸盐岩油藏的建模过程。

4.3.1　中东欠饱和裂缝性油藏

　　该油藏为背斜碳酸盐岩储层,成岩作用引起了溶蚀、白云岩化和胶结作用。地质研究表明,储层中存在裂缝和连通孔洞。根据岩性将地层划分为七个带,这些带含有白云岩化石灰岩、硬石膏和页岩。为了进行常规和特殊的岩心测试,岩心样品被转移到岩心实验室,并分成 360 多块。洛伦兹图显示储层具有高度的非均质性(图 4.7),因此预计不止含有一种岩石类型。图 4.8 显示了渗透率—孔隙度的关系图。在此基础上,将储层划分为四种岩石类型:第一种为孔隙度 5%～8% 的岩石;第二种为孔隙度小于 12% 的岩石;第三种为孔隙度小于 16% 的岩石;第四种为孔隙度大于 16% 的岩石。图 4.9 显示了归一化 Leverett J 函数与归一化饱和度的关系图,这四种岩石类型的相对渗透率和毛细管压力数据如图 4.10 至图 4.13 所示。

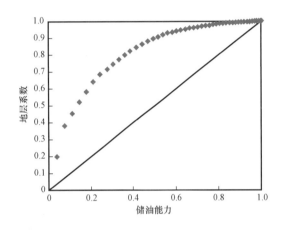

图 4.7　洛伦兹图(案例分析 2)　　　　图 4.8　渗透率—孔隙度关系图(案例分析 2)

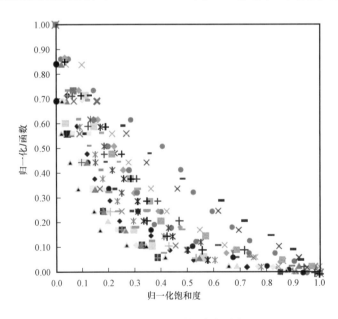

图 4.9　Leverett J 函数(案例分析 2)

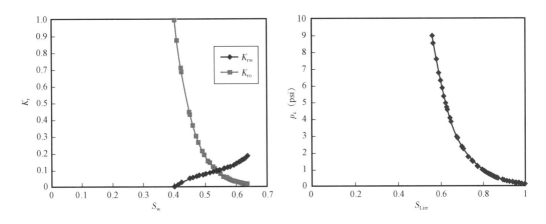

图 4.10　第 1 类岩石的相对渗透率和毛细管压力曲线（案例分析 2）

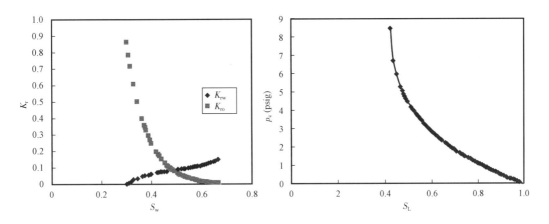

图 4.11　第 2 类岩石的相对渗透率和毛细管压力曲线（案例分析 2）

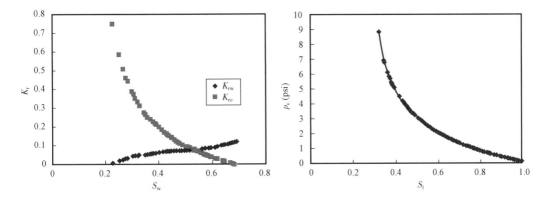

图 4.12　第 3 类岩石的相对渗透率和毛细管压力曲线（案例分析 2）

本油藏中垂直钻取 7 口生产井,采用裸眼方式完井。油藏有 14 年的生产历史数据,以及一口井的试井资料。

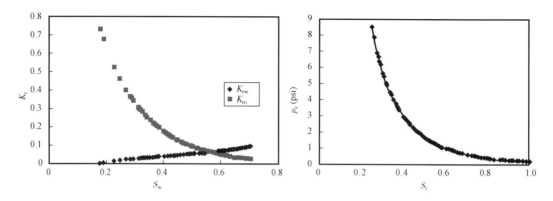

图 4.13　第 4 类岩石的相对渗透率和毛细管压力曲线(案例分析 2)

使用 FAST WellTest™ 软件(IHS,2014)对试井数据进行分析,分析结果如图 4.14 至图 4.16 所示。参考深度为 7800ft 时,初始油藏压力和温度分别为 4100psi 和 220℉。对井底样品进行的初步流体分析表明,泡点压力为 990psi,说明本油藏是一个欠饱和油藏。对取样流体进行了完整的 PVT 实验(两次等组分膨胀实验和一次差异分离实验)。图 4.17 和图 4.18 展示了 PVT 实验的结果。油气组成见表 4.7。

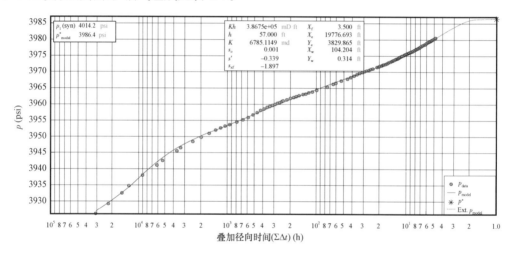

图 4.14　试井分析(案例分析 2)

为了模拟流体相态特征,采用 Peng - Robinson 状态方程(Peng 和 Robinson,1976,1977)进行模拟:

$$p = \frac{RT}{V - b} - \frac{a\alpha}{V^2 + 2bV - b^2}$$

$$a = 0.457235 \frac{R^2 T_c^{\ 2}}{p_c} = \Omega_a \frac{R^2 T_c^{\ 2}}{p_c}$$

$$b = 0.077796 \frac{RT_c}{p_c} = \Omega_b \frac{RT_c}{p_c}$$

$$\alpha = \left[1 + \chi(1 - T_r^{\ 0.5}) \right]^2$$

$$\chi = 0.37464 + 1.5422\omega - 0.26992\omega^2 \tag{4.1}$$

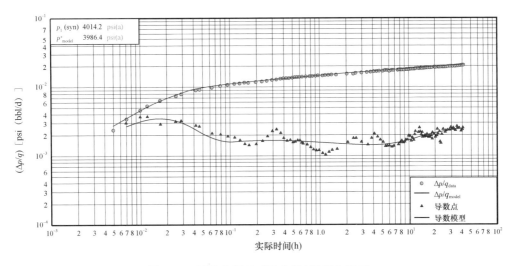

图 4.15　试井分析双对数曲线（案例分析 2）

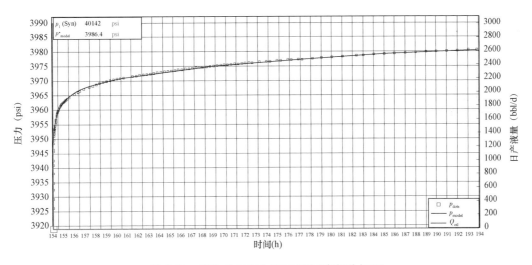

图 4.16　试井分析压力恢复曲线（案例分析 2）

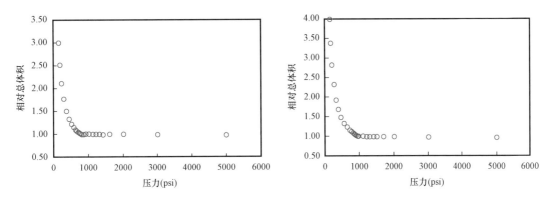

图 4.17　等组分膨胀实验结果（案例分析 2）

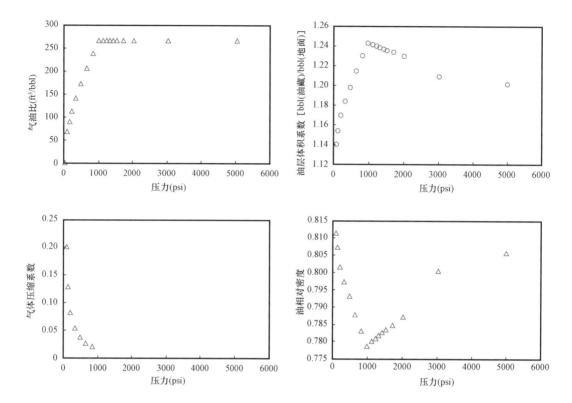

图4.18 差异分离实验结果(案例分析2)

表4.7 流体组成(案例分析2)

组分	摩尔分数
C_1	16.4
C_2	5.79
C_3	7.05
iC_4	1.22
nC_4	4.13
iC_5	2.06
nC_5	2.44
FC_6	4.61
C_{7+}	56.3
C_{7+} 特征化	
相对密度	0.916
分子量	280

对该状态方程的三个参数(a,b和ω)应进行调整,以使状态方程的结果与 PVT 测试相一致。为此,将重组分(C_{7+})分为几个单碳原子组分,然后分为六个拟组分,见表 4.8。

表 4.8 分解并重组后流体成分(案例分析 2)

组分	摩尔分数(%)
C_1	16.40
C_2	5.79
C_3	7.05
iC_4	1.22
nC_4	4.13
iC_5	2.06
nC_5	2.44
FC_6	4.61
C_7—C_{12}	20.12
C_{13}—C_{17}	11.15
C_{18}—C_{23}	8.94
C_{24}—C_{29}	5.75
C_{30}	0.73
C_{31+}	9.60

正如 Coats 和 Smart(1986)所述,在不调整 EOS 参数的情况下,状态方程无法准确预测石油/天然气混合物的实验室数据。因此,为了找出参数 a、b 和 ω 的适当值,所有实验点(数据)都用于拟合状态方程。回归的目的是使实验数据与状态方程的预测结果之间的差异最小化:

$$F = \sum w_i \left(\frac{y_{\mathrm{EOS}} - y_{\mathrm{Exp}}}{y_{\mathrm{Exp}}} \right)^2 \tag{4.2}$$

其中 w_i 是权重因子,下角 EOS 和 Exp 代表状态方程和实验,y_i 表示实验数据。

回归是使用由 Chen 和 Stadtherr(1981)修正的 Dennis,Gay 和 Welsch(1981)的自适应最小二乘算法完成的。回归参数的选择是从一组变量中动态完成的(变量具有较大的 $\mathrm{d}F/\mathrm{d}x$,其中 x 是根据相应参数的上限 $x_{j,\max}$ 和下限 $x_{j,\min}$ 范围所确定的)。这里,应用了 CMG 软件(2011)的 WINPROP 模块来选择 FC_6 至 C_{31+} 组分的临界压力、临界温度、临界体积、偏心因子、Ω_a 作为调整参数,Chueh 和 Prausnitz(1967)方程的二元相互作用系数方程如下:

$$d_{ij} = 1 - \left(\frac{2V_{ci}^{1/6} V_{cj}^{1/6}}{V_{ci}^{1/3} + V_{cj}^{1/3}} \right)^{\theta} \tag{4.3}$$

回归结果如图 4.19 和图 4.20 所示。表 4.9 显示了所选参数回归后的新值。

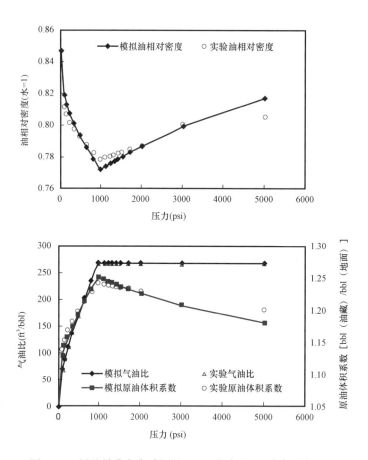

图 4.19 用差异分离实验调整 P－R 状态方程(案例分析 2)

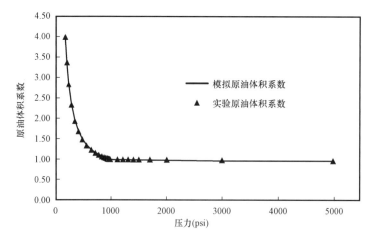

图 4.20 用等组分膨胀实验调整 P－R 状态方程(案例分析 2)

表 4.9 调整状态方程后的重组分特征(案例分析 2)

组分	p_C(atm)	T_C(K)	ω	M_w	Ω_a
FC_6	29.805	560.77	0.31209	68.8	0.37382
C_7—C_{12}	23.41202	674.54	0.4487	102.93	0.3715
C_{13}—C_{17}	17.85516	680.32	0.6355	248.1	0.51298
C_{18}—C_{23}	15.450622	848.27	0.8089	339.54	0.34198
C_{24}—C_{29}	14.66021	903.74	0.81768	293.68	0.34198
C_{30}	10.87415	905.67	1.11038	421.0573	0.36579
C_{31+}	10.72163	842.2	1.12298	686.5867	0.36579

为了建立油藏模型,将储层划分为 310464(84×42×88)个网格单元,并将其视为双重孔隙储层(其中一半网格代表裂缝)。在 Warren – Root(1963)双重孔隙模型中,流体仅在以基质岩块为源的裂缝网络中流动,该模型允许每个网格有两个孔隙度系统,一个称为基质孔隙度,另一个称为裂缝孔隙度。每种介质都可能有自己的孔隙度和渗透率,以及其他独特的性质(图 4.21)。在 Warren – Root 模型中,网格间流动受裂缝特征控制;基质裂缝间的流动与利用基质裂缝形状因子计算的传导率成正比:

传导率 =(基质渗透率)(基质网格体积)(形状因子)

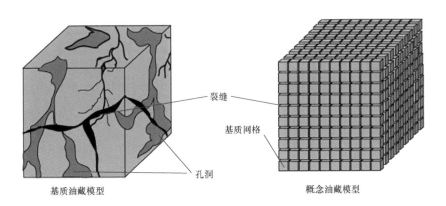

裂缝
基质网格
孔洞
基质油藏模型　　　　概念油藏模型

图 4.21　双重孔隙模型(Warren 和 Root,1963)

Kazemi(1976)提出了以下形状因子方程:

$$\sigma = 4\left(\frac{1}{l_x{}^2} + \frac{1}{l_y{}^2} + \frac{1}{l_z{}^2}\right) \tag{4.4}$$

其中,σ 是形状因子,l_x、l_y 和 l_z 是构成基质网格块的 x、y 和 z 方向尺寸。

图 4.22 为油藏的三维视图。

通常,裂缝中流体的相对渗透率假设是线性的(图 4.23),毛细管压力设置为零。

基质孔隙度和渗透率的柱状图(由高斯地质统计学技术建立)分别如图 4.24 和图 4.25 所示。根据岩心外观和以往经验,裂缝孔隙度和渗透率分别设置为 0.002 和 600mD。

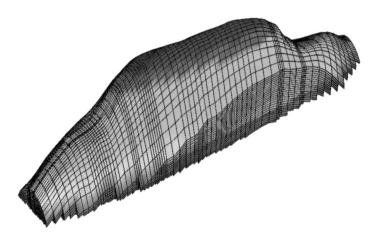

图 4.22　储层三维视图(案例分析 2)

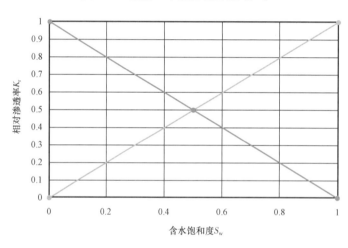

图 4.23　裂缝的相对渗透率(案例分析 2)

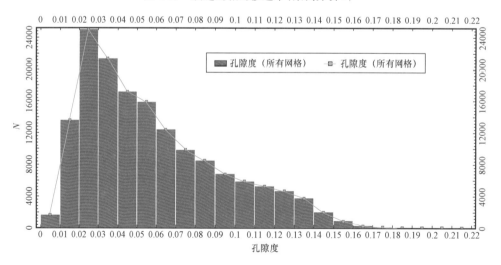

图 4.24　孔隙度柱状图(案例分析 2)

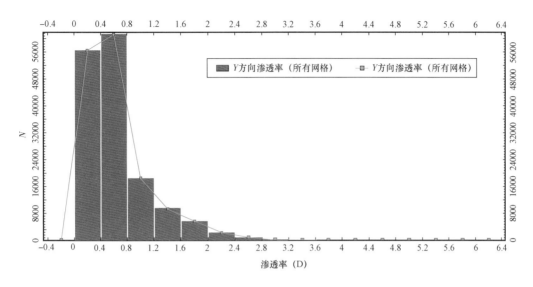

图 4.25　渗透率柱状图(案例分析2)

通过使用物质平衡方程,可以很容易地研究含水层的存在。要做到这一点,可以为欠饱和油藏推导出物质平衡方程:

$$F = N(E_o + E_{f,w}) + (W_i + W_e)B_w \qquad (4.5)$$

$$F = N_p(B_o) + W_pB_w \qquad (4.6)$$

油气和溶解气的膨胀可写为:

$$E_o = (B_o - B_{oi}) \qquad (4.7)$$

$$\Delta E_{f,w} = -B_{oi}\left(\frac{C_r + C_wS_{wi}}{1 - S_{wi}}\right)\Delta p \qquad (4.8)$$

$F/(E_o + E_{f,w})$ 与 N_p 的关系图可以提供含水层的信息(Dake,1978)。图4.26中的关系图,描绘了该油藏中应当存在一个能量较强的含水层。

为了在油藏模型中定义含水层,这里使用具有以下初始特征的底—边 Carter - Tracy 分析水体模型:

渗透率 =5mD;孔隙度 =0.1;厚度 =500ft。

如前所述,该油藏有 7 口生产井。所有的井都是垂直井裸眼完井。在模拟中,将每口井的产量设置为实际测试产量(定产量),计算井底压力,并与测试压力数据进行比较。

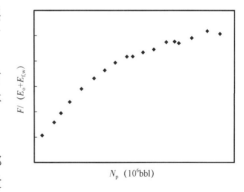

图 4.26　线性物质平衡分析结果(案例分析2)

4.3.2　不确定参数

本次分析选取含水层参数、裂缝孔隙度、网格块高度和油水界面作为不确定参数。表 4.10 显示了不确定参数及其范围。

表 4.10　不确定参数及其范围(案例分析 2)

组分	说明	单位	低值	中值	高值
AQPERM	含水层渗透率	mD	1	5.5	10
AQPOR	含水层孔隙度	小数	0.07	0.1	0.13
AQTHICK	含水层厚度	ft	400	500	600
SIGMA	形状因子	$1/ft^2$	0.020	0.040	0.060
FracPor	裂缝孔隙度	小数	0.001	0.002	0.003
WOC	油水层	ft	8400	8425	8450

为了研究各不确定参数对储层动态的影响,采用 Plackett – Burman 设计,见表 4.11。

表 4.11　具有中心点的 Plackett – Burman 设计

编号	AQPERM	AQPOR	AQTHICK	SIGMA	FracPor	WOC
1	1.00	0.07	600.00	0.06	0.003	8400
2	10.00	0.13	400.00	0.06	0.001	8400
3	1.00	0.13	400.00	0.02	0.001	8450
4	10.00	0.13	400.00	0.06	0.003	8400
5	1.00	0.007	400.00	0.02	0.001	8400
6	5.50	0.10	500.00	0.04	0.002	8450
7	1.00	0.07	400.00	0.06	0.003	8450
8	10.00	0.07	400.00	0.02	0.003	8450
9	10.0	0.07	600.00	0.06	0.001	8450
10	1.00	0.13	600.00	0.02	0.003	8400
11	10.00	0.07	600.00	0.02	0.001	8400
12	1.00	0.13	600.00	0.06	0.001	8450
13	10.00	0.13	600..00	0.02	0.003	8450

这 13 个例子是使用 ECLIPSE 黑油模拟软件运行的(Schlumberger,2011)。当我们强制模拟软件满足测试产量时,在所有 13 种情况下,产油量与观测数据相一致,如图 4.27 所示。但是,对于不确定参数的不同值,平均储层压力的变化趋势是不同的(图 4.28)。

图 4.29 至图 4.34 显示了 Pareto 图,用于识别对六口井所在网格的压力(单井压力)影响最大的参数。很明显,在所选择的六个不确定参数中,只有四个(AQPERM、AQTHICK、FracPor 和 AQPOR)对压力有影响,而另外两个因素(SIGMA 和 WOC)则不显著。

下一步是制作响应曲面。采用线性回归,生成了这六口井的响应面(其中一口井没有可用数据)(表 4.12 至表 4.17,图 4.35 至图 4.40)。

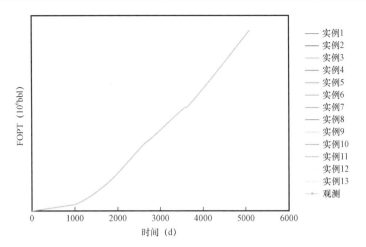

图 4.27　所有例子的油田总产量(案例分析 2)

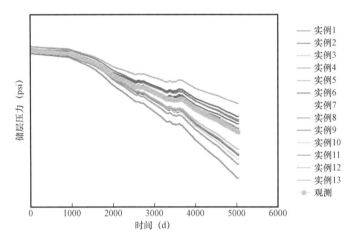

图 4.28　所有例子的储层压力随时间关系(案例分析 2)

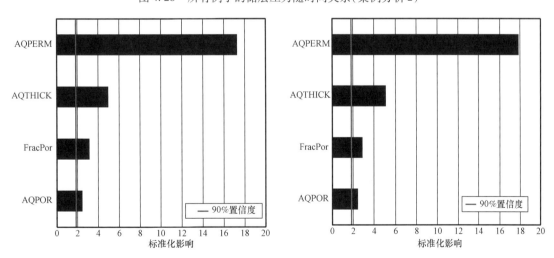

图 4.29　第 3 口井压力的 Pareto 图(案例分析 2)　　　图 4.30　第 4 口井压力的 Pareto 图(案例分析 2)

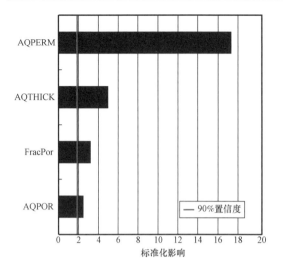

图 4.31　第 5 口井压力的 Pareto 图(案例分析 2)

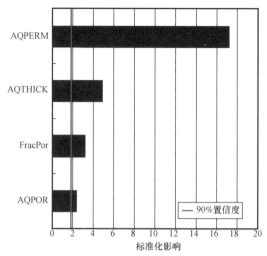

图 4.32　第 6 口井压力的 Pareto 图(案例分析 2)

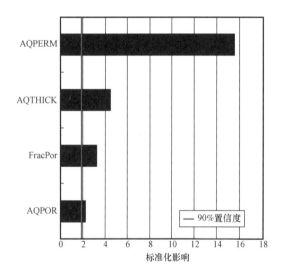

图 4.33　第 8 口井压力的 Pareto 图(案例分析 2)

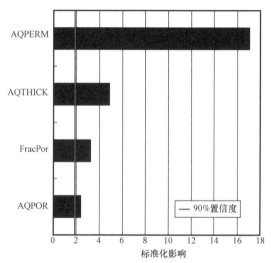

图 4.34　第 9 井压力的 Pareto 图(案例分析 2)

表 4.12　第 3 口井压力响应面(案例分析 2)

$WPR_3 = b_0 + b_1 AQPERM + b_2 AQTHICK + b_3 FracPor + b_4 AQPOR$	
b_0	3925.8
b_1	50.38
b_2	14.35
b_3	9.089
b_4	7.095

表 4.13　第 4 口井压力响应面（实例分析 2）

$\text{WPR}_4 = b_0 + b_1 \text{AQPERM} + b_2 \text{AQTHICK} + b_3 \text{FracPor} + b_4 \text{AQPOR}$	
b_0	3891.9
b_1	46.92
b_2	13.35
b_3	7.484
b_4	6.424

表 4.14　第 5 口井压力响应面（实例分析 2）

$\text{WPR}_5 = b_0 + b_1 \text{AQPERM} + b_2 \text{AQTHICK} + b_3 \text{FracPor} + b_4 \text{AQPOR}$	
b_0	3908.0
b_1	49.63
b_2	14.17
b_3	9.089
b_4	6.984

表 4.15　第 6 井压力响应面（实例分析 2）

$\text{WPR}_6 = b_0 + b_1 \text{AQPERM} + b_2 \text{AQTHICK} + b_3 \text{FracPor} + b_4 \text{AQPOR}$	
b_0	3900.8
b_1	49.22
b_2	14.06
b_3	9.188
b_4	6.910

表 4.16　第 8 口井井压响应面（实例分析 2）

$\text{WPR}_8 = b_0 + b_1 \text{AQPERM} + b_2 \text{AQTHICK} + b_3 \text{FracPor} + b_4 \text{AQPOR}$	
b_0	3896.4
b_1	47.89
b_2	13.85
b_3	10.07
b_4	6.875

表 4.17　第 9 口井压力响应面（实例分析 2）

$\text{WPR}_9 = b_0 + b_1 \text{AQPERM} + b_2 \text{AQTHICK} + b_3 \text{FracPor} + b_4 \text{AQPOR}$	
b_0	3898.7
b_1	48.41
b_2	13.90
b_3	9.276
b_4	6.805

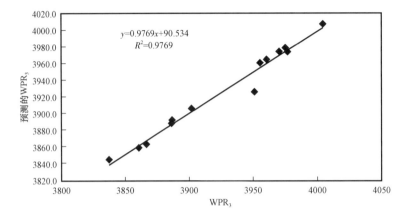

图4.35 第3口井压力回归结果(案例分析2)

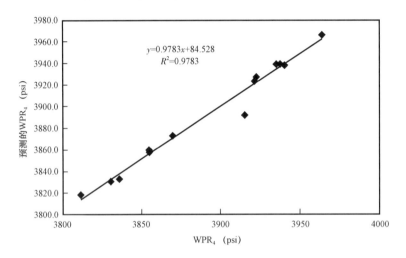

图4.36 第4口井压力回归结果(案例分析2)

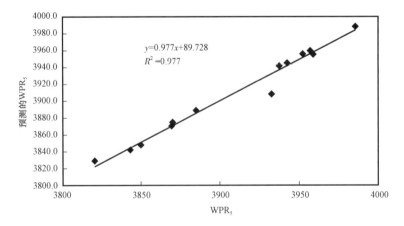

图4.37 第5口井压力回归结果(案例分析2)

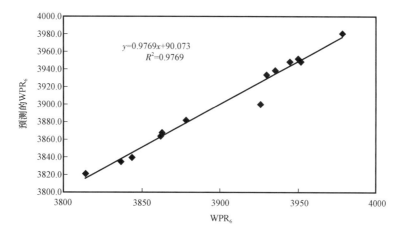

图 4.38　第 6 口井压力回归结果（案例分析 2）

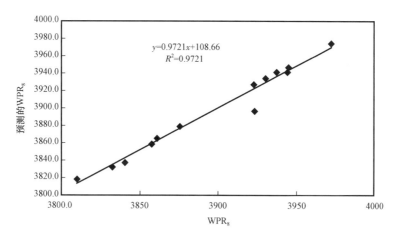

图 4.39　第 8 口井压力回归结果（案例分析 2）

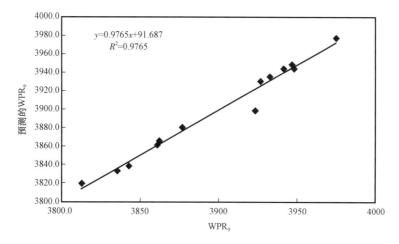

图 4.40　第 9 口井压力回归结果（案例分析 2）

根据创建的响应面、不确定参数的合理分布(表 4.18)和蒙特卡洛模拟结果,可以建立油井压力的累积分布,如图 4.41 至图 4.46 所示,表 4.19 比较了实际测试和蒙特卡洛模拟的井底压力(P50 的值)。基于蒙特卡洛模拟,一个拟合算例的不确定参数值如下:

AQPERM	5.50mD
AQPOR	0.09
AQTHICK	539.947ft
FracPor	0.002

表 4.18　分布函数信息(案例分析 2)

参数名称	参数类型	分布	定义值			
AQPERM	连续	正态	平均值 = 5.5	标准偏差 = 1.2	最小值 = 1	最大值 = 10
AQPOR	连续	正态	平均值 = 0.1	标准偏差 = 0.009	最小值 = 0.07	最大值 = 0.13
AQTHICK	连续	三角	低值 = 400	中值 = 500	高值 = 600	—
FracPor	连续	正态	平均值 = 0.002	标准偏差 = 0.0003	最小值 = 0.001	最大值 = 0.003

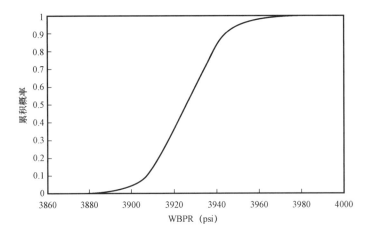

图 4.41　第 3 口井压力的蒙特卡洛模拟结果(案例分析 2)

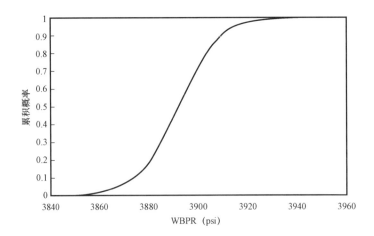

图 4.42　第 4 口井压力的蒙特卡洛模拟结果(案例分析 2)

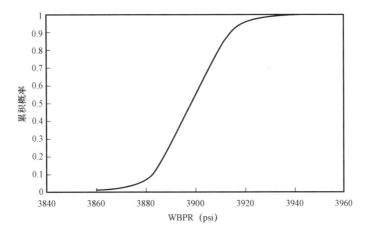

图 4.43　第 5 口井压力的蒙特卡洛模拟结果（案例分析 2）

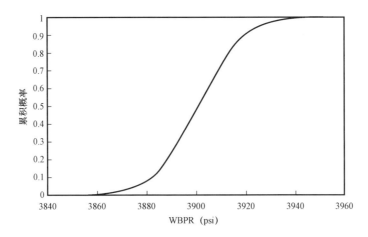

图 4.44　第 6 口井压力的蒙特卡洛模拟结果（案例分析 2）

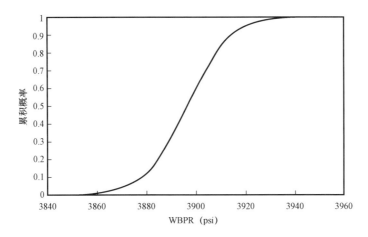

图 4.45　第 8 口井压力的蒙特卡洛模拟结果（案例分析 2）

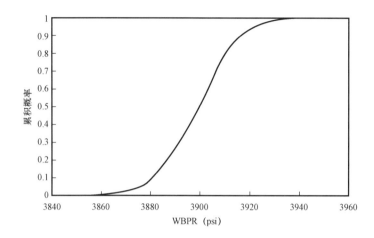

图 4.46　第 9 口井压力的蒙特卡洛模拟结果(案例分析 2)

表 4.19　蒙特卡洛模拟结果与测试数据的比较(案例分析 2)

井名	观测值	MC,P50	误差(%)
井 3	3944.767	3926	0.475747
井 4	3916.998	3892	0.638193
井 5	3920.514	3908	0.31919
井 6	3919.21	3901	0.464645
井 8	3926.49	3896	0.776521
井 9	3909.559	3899	0.270089

然后将拟合情况下的平均储层压力与图 4.47 中的测试压力进行比较。

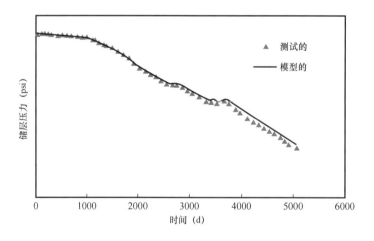

图 4.47　模型结果与测试数据的比较(案例分析 2)

使用拟合的模型预测五年的储层动态,如图 4.48 所示,如果储层中没有新的钻井,预计在 19 年的生产之后,油藏将产出 90×10^6 bbl 以上的油和 20×10^9 ft^3 以上的天然气。

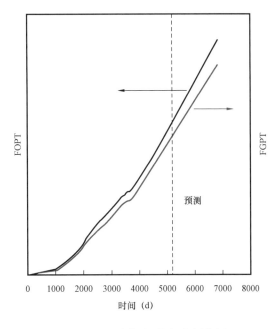

图 4.48　油田总产量预测(案例分析 2)

4.4　案例分析 3

4.4.1　PUNQ 案例

PUNQ(量化不确定性的产量预测)案例是一个综合油藏模型,取自 Elf 勘探生产公司在北海实际油藏工程研究中的合成模型(Zhang,2003),本书将其作为一个测试案例用来研究油藏动态预测中的不确定性。

该油田东面和南面以断层为界,北面和西面与一个强水体相连,小气顶位于穹顶结构的中心。PVT 特征见表 4.20。该油田在油气界面附近有六口生产井。本研究的目的是计算出16.5 年后的累计产油量。

表 4.20　油气 PVT 特征(案例分析 3)

GOR(m^3/m)	压力(bar)	B_o(m^3/m^3)	油黏度(cP)
11.46	40	1.064	4.338
17.89	60	1.078	3.878
24.32	80	1.092	3.467
30.76	100	1.106	3.1
37.19	120	1.12	2.771
43.62	140	1.134	2.478
46.84	150	1.141	2.343
50.05	160	1.148	2.215

GOR(m³/m)	压力(bar)	B_o(m³/m³)	油黏度(cP)
53. 27	170	1. 155	2. 095
56. 49	180	1. 162	1. 981
59. 7	190	1. 169	1. 873
62. 92	200	1. 176	1. 771
66. 13	210	1. 183	1. 674
69. 35	220	1. 19	1. 583
72. 57	230	1. 197	1. 497
74	234. 46(p_b)	1. 2	1. 46
74 *	250 *	1. 198 *	1. 541 *
74 *	300 *	1. 194 *	1. 787 *
80	245	1. 22	1. 4
80 *	300 *	1. 215 *	1. 7 *

压力(bar)	B_g(m³/m³)	气体黏度(cP)
40	0. 02908	0. 0088
60	0. 01886	0. 0092
80	0. 01387	0. 0096
100	0. 01093	0. 01
120	0. 00899	0. 0104
140	0. 00763	0. 0109
150	0. 00709	0. 0111
160	0. 00662	0. 0114
170	0. 0062	0. 0116
180	0. 00583	0. 0119
190	0. 00551	0. 0121
200	0. 00521	0. 0124
210	0. 00495	0. 0126
220	0. 00471	0. 0129
230	0. 00449	0. 0132
234. 46	0. 0044	0. 0133

* 欠饱和数据。

油藏模型包含2660(19×28×5)个角点网格块,其中1761个有效网格。利用地质概念/地质统计模型建立孔隙度和渗透率场。洛伦兹图如图4.49所示,显示了储层的非均质性。图4.50为孔隙度—渗透率关系图,图4.51和图4.52为储层的孔隙度和渗透率柱状图。相对渗透率曲线由Corey关系得到,如图4.53所示。六口生产井的名称和位置如图4.54和表4.21所示。最后利用ECLIPSE黑油模拟软件对油藏模型进行模拟。

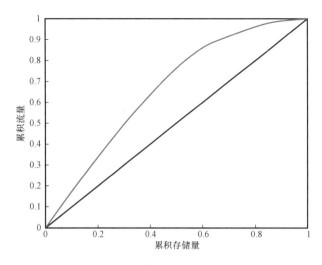

图 4.49　洛伦兹图（案例分析 3）

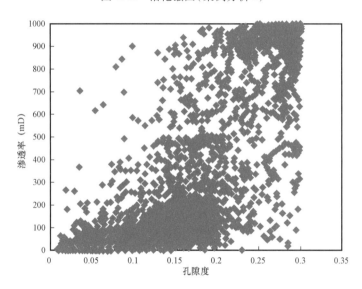

图 4.50　渗透率—孔隙度交汇图（案例分析 3）

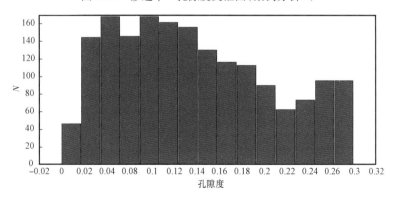

图 4.51　孔隙度柱状图（案例分析 3）

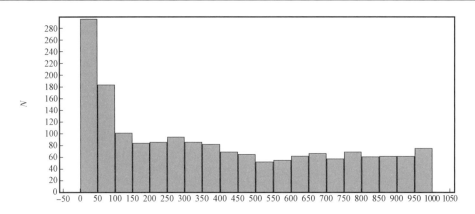

图 4.52　渗透率柱状图（案例分析 3）

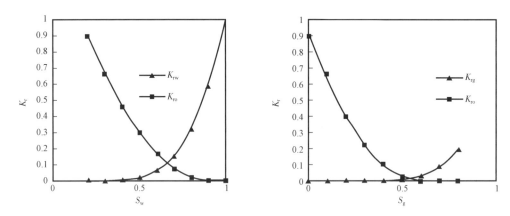

图 4.53　相对渗透率曲线（案例分析 3）

图 4.54　井位（案例分析 3）

表 4.21 油井详细信息和完井数据(ECLIPSE 黑油模拟器 schedule 部分)

井位				
井名	组名	井坐标(ij)	参考深度	井相
'PRO – 1'	'G1'	10 22	2362.2	'油'/
'PRO – 4'	'G1'	9 17	2373.0	'油'/
'PRO – 5'	'G1'	17 11	2381.7	'油'/
'PRO – 11'	'G1'	11 24	2386.0	'油'/
'PRO – 12'	'G1'	15 12	2380.5	'油'/
'PRO – 15'	'G1'	17 22	2381.0	'油'/
完井数据				
井名	井坐标(ijk_1k_2)	井况	井径	
'PRO – 1'	10 22 5 5	'开'	0.15/	
'PRO – 1'	10 22 4 4	'开'	0.15/	
'PRO – 4'	9 17 5 5	'开'	0.15/	
'PRO – 4'	9 17 4 4	'开'	0.15/	
'PRO – 5'	17 11 4 4	'开'	0.15/	
'PRO – 5'	17 11 3 3	'开'	0.15/	
'PRO – 11'	11 24 4 4	'开'	0.15/	
'PRO – 11'	11 24 3 3	'开'	0.15/	
'PRO – 12'	15 12 5 5	'开'	0.15/	
'PRO – 12'	15 12 4 4	'开'	0.15/	
'PRO – 15'	17 22 4 4	'开'	0.15/	

4.4.2 不确定参数

由于储层的孔隙度和渗透率场是由地质统计模型建立的,油藏五个小层的这些参数(孔隙度和渗透率系数是用来调整孔隙度和渗透率数据的)都被视为不确定参数(10 个参数)。为了阐明不确定参数对累计油气产量的影响(表 4.22),采用了两级 Plackett – Burman 实验设计。此表的最后两列表示累计产油量(FOPT)和累计天然气产量(FGPT)的模拟结果。这两种响应的 Pareto 图如图 4.55 所示,Pareto 图显示,2、3 层的渗透率(K_{x2}、K_{x3})对油气累计产量(FOPT、FGPT)没有影响。

表 4.22 10 个不确定参数的 Plackett – Burman 设计(案例分析 3)

编号	K_{x1}	K_{x2}	K_{x3}	K_{x4}	K_{x5}	POR_1	POR_2	POR_3	POR_4	POR_5	FOPT($10^3 m^3$)	FGPT($10^6 m^3$)
1	0.50	0.50	1.50	1.50	1.50	0.50	1.50	1.50	0.50	1.50	4082	358.2
2	1.50	1.50	0.50	1.50	0.50	0.50	0.50	1.50	1.50	1.50	3798	353.5
3	0.50	1.50	0.50	0.50	0.50	1.50	1.50	1.50	0.50	1.50	3679	324

续表

编号	K_{x1}	K_{x2}	K_{x3}	K_{x4}	K_{x5}	POR_1	POR_2	POR_3	POR_4	POR_5	FOPT($10^3 m^3$)	FGPT($10^6 m^3$)
4	1.50	1.50	1.5	1.50	1.50	0.50	1.50	0.50	0.50	0.50	3223	272.4
5	0.50	0.50	0.50	0.50	0.50	0.50	1.00	0.50	0.50	0.50	2961	272.4
6	1.00	1.00	1.00	1.00	1.00	1.00	0.50	1.00	1.00	1.00	3787	336.1
7	0.50	0.50	1.50	1.50	1.50	1.50	1.50	1.50	1.50	0.50	3682	300
8	1.50	0.50	1.50	0.50	1.50	1.50	0.50	0.50	1.50	1.50	3686	317.5
9	1.50	0.50	0.50	1.50	0.50	1.50	0.50	0.50	0.50	1.50	3715	325
10	0.50	1.50	1.50	0.50	1.50	0.50	0.50	0.50	1.50	1.50	3908	348.2
11	1.50	0.50	0.50	0.50	0.50	0.50	0.50	1.50	1.50	0.50	3679	319.5
12	0.50	1.50	0.50	1.50	0.50	1.50	0.50	0.50	1.50	0.50	3771	321.4
13	1.50	1.50	1.50	0.50	1.50	1.50	0.50	0.50	0.50	0.50	3600	299.4

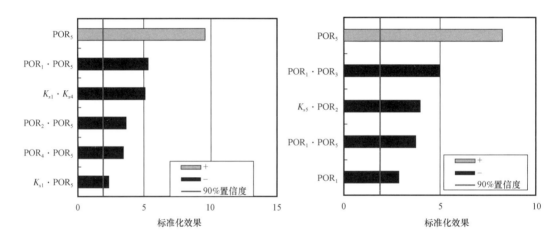

图 4.55 油田油气产量 Pareto 图(案例分析 3)

在下一步中,这 8 个有效参数采用具有 *IV* 分辨率的三级分数阶乘设计(表 4.23),将生成 17 个例子用来研究。

表 4.23 三级分数阶乘设计(案例分析 3)

运行编号	K_{x1}	POR_5	POR_4	K_{x4}	K_{x5}	POR_1	POR_2	POR_3	FOPT($10^3 m^3$)	FGPT($10^6 m^3$)
1	0.50	1.50	1.50	1.50	0.50	1.50	0.50	0.50	3873	348.3
2	1.50	1.50	0.50	1.50	0.50	0.50	0.50	1.50	3811	348.7
3	0.50	0.50	1.50	1.50	1.50	0.50	0.50	1.50	3736	314.8
4	0.50	1.50	1.50	0.50	0.50	0.50	1.50	1.50	3838	342.5
5	0.50	1.50	0.50	0.50	1.50	1.50	0.50	1.50	3926	338.2
6	0.50	0.50	0.50	1.50	0.50	1.50	1.50	1.50	3669	314.1
7	1.50	0.50	0.50	0.50	1.50	0.50	1.50	1.50	3443	284.9

运行编号	K_{x1}	POR_5	POR_4	K_{x4}	K_{x5}	POR_1	POR_2	POR_3	FOPT($10^3 m^3$)	FGPT($10^6 m^3$)
8	0.50	1.50	0.50	1.50	1.50	0.50	1.50	0.50	3824	346.4
9	1.50	1.50	1.50	0.50	1.50	0.50	0.50	0.50	3763	339.4
10	1.50	0.50	0.50	1.50	1.50	1.50	0.50	0.50	3351	282
11	1.50	1.50	1.50	1.50	1.50	1.50	1.50	1.50	4031	347
12	0.50	0.50	0.50	0.50	0.50	0.50	0.50	0.50	3086	279.1
13	1.50	0.50	1.50	0.50	0.50	1.50	0.50	1.50	3634	315.1
14	0.50	0.50	1.50	0.50	1.50	1.50	1.50	0.50	3490	283.5
15	1.50	1.50	0.50	0.50	0.50	1.50	0.50	0.50	3588	313.6
16	1.50	0.50	1.50	1.50	0.50	0.50	1.50	0.50	3596	324.8
17	0.50	0.50	0.50	0.50	0.50	0.50	0.50	0.50	3086	279.1

表 4.23 的最后两列显示了生产 16.5 年后 FOPT 和 FGPT 的结果。

然后,通过线性和非线性回归为 FOPT 和 FGPT 创建响应面:

$$FOPT = b_0 + b_1 K_{x1} + b_2 POR_5 + b_3 POR_4 + b_4 K_{x4} + b_5 K_{x5} + b_6 POR_1 + b_7 POR_2 + b_8 POR_3$$
$$(4.9)$$

$$FGPT = b_0 + b_1 POR_5 + b_2 K_{x4} + b_3 POR_4 + b_4 POR_3 + b_5 K_{x1} POR_4 \qquad (4.10)$$

表 4.24 和表 4.25 表示创建的表面响应系数。利用这些响应面和蒙特卡洛模拟,计算出了累积油气产量的最可能值,如图 4.56 所示。

表 4.24 油田产油量响应面系数(案例分析 3)

b_0	3661.8
b_1	29.593
b_2	169.92
b_3	83.30
b_4	74.33
b_5	33.55
b_6	33.22
b_7	23.15
b_8	99.08

表 4.25 油田产气量响应面系数(案例分析 3)

b_0	319.88
b_1	20.62
b_2	8.378
b_3	7.036
b_4	5.783
b_5	5.098

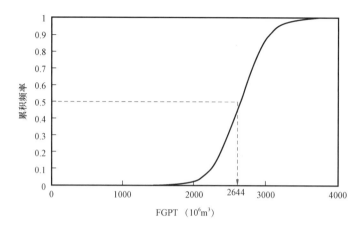

图 4.56 蒙特卡洛结果(案例分析 3)

4.5 案例分析 4

巨大的稠油资源和不断增长的世界石油需求以及高昂的油价吸引了石油公司的注意力,通过开发新技术,可以从这些巨大的资源中获取更多的石油。蒸汽的方法(循环蒸汽吞吐、蒸汽驱、蒸汽辅助重力驱)在加拿大和委内瑞拉的众多稠油油田得到了应用,是目前最先进的提高采收率方法之一。在以蒸汽为基础的方法中,蒸汽辅助重力驱(SAGD)是最常用的稠油和沥青开采方法,因为该方法被认为比其他方法具有更高的采收率,一般为 60%,在一些有利的储层中采收率甚至高达 70% ~ 80%(Sheng,2013)。SAGD 是巴特勒于 1982 年发明的一种热采工艺,用于回收稠油和沥青。在 SAGD 中,重油的开采是通过一对水平井来完成,蒸汽通过注入井(上部水平井)连续注入储层,形成蒸汽室。蒸汽室中的蒸汽将热量释放到油藏中,降低了油的黏度,石油在重力作用下向生产井(下井)流动(Butler,1982)。

第四个案例展示了应用于加拿大典型稠油中的 SAGD 技术。

4.5.1 稠油油藏蒸汽辅助重力驱

本案例研究以某稠油油藏为例,研究了不同因素对蒸汽辅助重力驱(SAGD)效果的影响。油藏深度为 500m,体积为 50000m³(厚度估计为 50m)。取样岩心表明,孔隙度为 0.24,水平和垂直渗透率分别为 4000mD 和 2200mD。500m 处的储层温度为 10℃,在此温度下测得的油黏度为 1.6×10^6cP,油的其他 PVT 特征如图 4.57 所示。

油黏度随温度的变化关系如下:

$$\mu = 0.000012\exp\left(\frac{7275}{T}\right) \tag{4.11}$$

其中 T 是绝对温度(K)。

岩石和流体在不同温度下的导热系数[单位:J/(m·d·℃)]如下:

温度(℃)	岩石	水	油	气
10	186792.5	26773.58	11207.54	155.66
300	186792.5	26773.58	11207.54	155.66

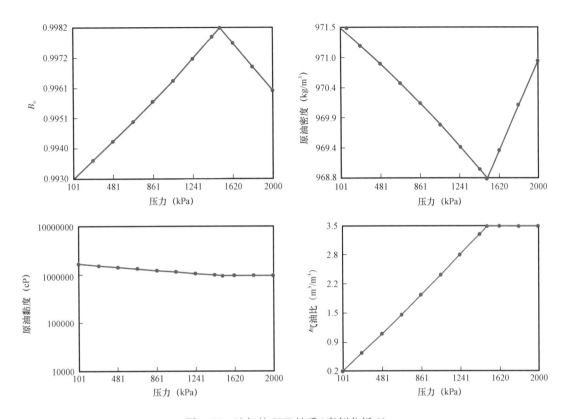

图 4.57　油气的 PVT 性质(案例分析 4)

预期以 1500m³/d 的速度,以 235℃注入质量分数为 95% 的蒸汽,以提高采收率。

为了模拟 SAGD 过程,将储层划分为 5050(101 × 1 × 50)个具有均匀孔隙度和渗透率的笛卡尔网格单元。

使用 Corey 关系式生成相对渗透率曲线,如图 4.58 所示。

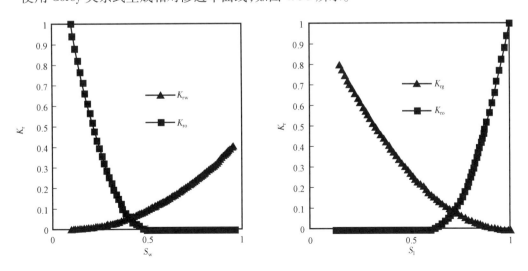

图 4.58　相对渗透率曲线(案例分析 4)

蒸汽通过位于545m深处的井注入储层,位于549m深处的生产井生产原油(图4.59)。

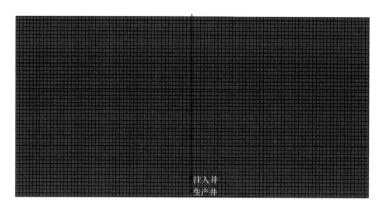

注入井
生产井

图4.59 注采井位置(案例分析4)

SAGD过程持续了大约4年。这里的研究目的是分析SAGD过程中孔隙度(POR)、垂向渗透率(PERMV)、水平渗透率(PERMH)以及相对渗透率端点(SORW、SORG)随温度的关系对开发动态的影响。

使用CMG的STARS热采模拟软件对油藏进行建模(Computer Modeling Group, Ltd., 2011)。

4.5.2 实验设计

首先,采用两级Plackett – Burman实验设计,筛选找出影响因素,表4.26为Plackett – Burman设计结果。

表4.26 **Plackett – Burman** 设计(案例分析4)

参数	低值	高值
POR	0.22	0.36
PERMH	3000	6000
PERMV	2000	2800
SORW	0.16	0.26
SORG	0.02	0.06

编号	POR	PERMH	PERMV	SORW	SORG
1	0.22	3000	2000	0.26	0.02
2	0.22	3000	2800	0.16	0.02
3	0.22	3000	2800	0.16	0.06
4	0.22	6000	2000	0.16	0.06
5	0.22	6000	2800	0.26	0.06

编号	POR	PERMH	PERMV	SORW	SORG
6	0.22	6000	2000	0.26	0.02
7	0.36	3000	2000	0.16	0.06
8	0.36	3000	2800	0.26	0.02
9	0.36	3000	2800	0.26	0.06
10	0.36	6000	2000	0.16	0.02
11	0.36	6000	2800	0.16	0.02
12	0.36	6000	2800	0.26	0.06

　　利用 STARS 模块运行这 12 个例子并绘制 Tornado 图,结果表明在水和天然气存在的情况下,残余油饱和度与温度的关系(SORW 和 SORG)对油藏产能的影响很小(图 4.60 至图 4.62),所以将在下一步设计中忽略 SORW。

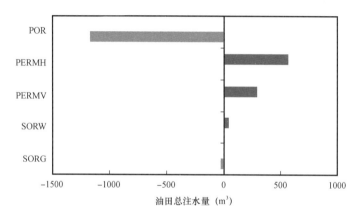

图 4.60　油田总注水量 Tornado 图(案例分析 4)

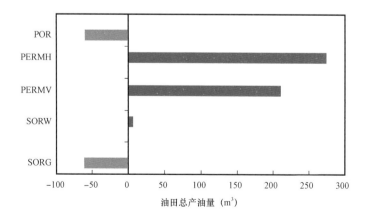

图 4.61　油田总产油量 Tornado 图(案例分析 4)

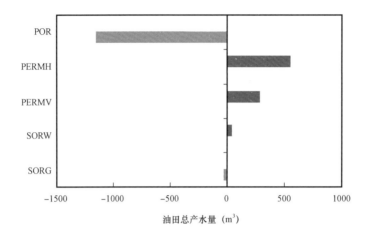

图 4.62　油田总产水量 Tornado 图(案例分析 4)

为了进一步研究,下一个设计采用三级 Box – Behnken 设计(表 4.27)。这 25 个例子由 STARS 模块运行,结果如图 4.63 所示。

表 4.27　**Box – Behnken 设计(案例分析 4)**

参数	低值	中值	高值
POR	0.22	0.28	0.34
PERMH(mD)	3800	6250	10200
PERMV(mD)	1500	2250	3300
SORG	0	0.075	0.15

编号	POR	PERMH	PERMV	SORG
1	0.22	3800	2250	0.075
2	0.22	6250	1500	0.075
3	0.22	6250	2250	0
4	0.22	6250	2250	0.15
5	0.22	6250	3300	0.075
6	0.22	10200	2250	0.075
7	0.28	3800	1500	0.075
8	0.28	3800	2250	0
9	0.28	3800	2250	0.15
10	0.28	3800	3300	0.075
11	0.28	6250	1500	0
12	0.28	6250	1500	0.15

编号	POR	PERMH	PERMV	SORG
13	0.28	6250	2250	0.075
14	0.28	6250	3300	0
15	0.28	6250	3300	0.15
16	0.28	10200	1500	0.075
17	0.28	10200	2250	0
18	0.28	10200	2250	0.15
19	0.28	10200	3300	0.075
20	0.34	3800	2250	0.075
21	0.34	6250	1500	0.075
22	0.34	6250	2250	0
23	0.34	6250	2250	0.15
24	0.34	6250	3300	0.075
25	0.34	10200	2250	0.075

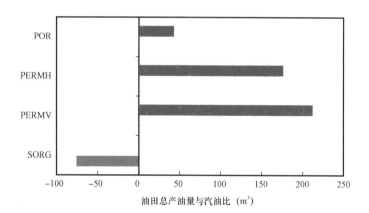

图 4.63　油田总产油量与汽油比的 Tornado 图(案例分析 4)

　　根据 Box – Behnken 设计和线性回归的结果,得出了累计产油量与汽油比(FOPT_SOR_Ratio)以及以下四个重要参数之间的关系:

$$FOPT\_SOR\_Ratio = -228.381 + 354.449POR + 0.0274287PERMH$$

$$+ 0.117496PERMV - 504.453SORG \qquad (4.12)$$

　　然后将上述响应面用于蒙特卡洛模拟,生成累计产油量与汽油比的累积分布图和累积概率图,如图 4.64 和图 4.65 所示。

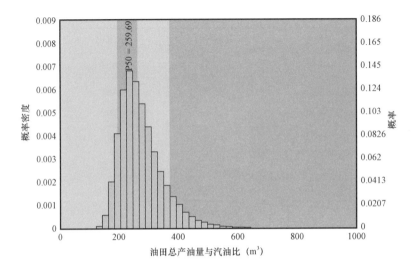

图 4.64　油田总产油量与汽油比的概率密度分布(案例分析 4)

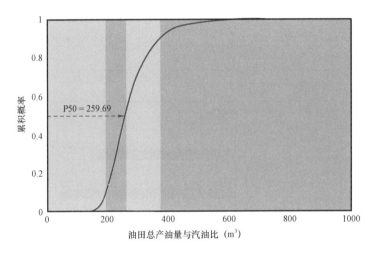

图 4.65　油田总产油量与汽油比的蒙特卡洛模拟结果(案例分析 4)

4.6　案例分析 5

　　页岩气藏属于非常规资源,但已成为世界重要的天然气资源。据估计,天然气资源总量的 32% 来自页岩地层。在技术上可开采页岩气资源的前 10 个国家中,中国以 $1115 \times 10^{12} \text{ft}^3$ 位居第一,美国以 $665 \times 10^{12} \text{ft}^3$ 排名第四,仅次于阿尔及利亚(美国能源情报署,2013)。据估计,到 2020 年,页岩气将供应北美一半的天然气产量(Feng,2013)。如果没有提高采收率的技术(如多级水力压裂工艺),就无法对这些资源进行经济开发。为了模拟多级水力裂缝并预测储层动态,学者进行了许多研究。然而,在页岩气储层建模中,包括水力裂缝在内的不确定性仍然很高。

4.6.1 Barnett 页岩气藏

Barnett 页岩气藏是美国通过水力压裂技术成功开发的非常规资源之一。它占地 12950km^2,天然气页岩层位于 8000ft 深处,页岩由黏土和石英构成的沉积岩组成。Barnett 页岩气储层的原始天然气储量预计为 30×10^{12}ft^3(The PerrymanGroup,2007)。这一天然气储量使 Barnett 岩气藏成为德克萨斯州乃至美国最大的陆上天然气田。在 2008 年之前,10564 口生产井已经生产了超过 4.4×10^{12}ft^3 的天然气(Powell Barnett Shale Newsletter,2008)。沃思堡盆地内储层厚度为 200~800ft,渗透率为 70~5000mD(Reese,2007)。截至 2012 年,有 235 家公司管理 Barnett 页岩的气井(Texas Railroad Commission,2012)。在 Barnett 页岩气藏中,水平井水力压裂技术是一种有利于经济开发的技术。压裂过程包括在足够高的压力下向井内注入大量掺有沙子和其他化学物质的水,使致密的页岩地层破裂。当页岩破裂时,含砂裂缝提供了气体从页岩地层向井内流动的通道。注入的流体被泵入气井后不久就从裂缝中重新采出来。这个过程要非常慢,使地层挤压同时防止沙子随着含水流体从裂缝中流出。砂(支撑剂)留在裂缝中,用来支撑裂缝。通常,500000~1500000gal 的水与 75000~250000lb 的沙子(或类似的颗粒物质,如核桃壳或陶瓷颗粒)和少量的附加化学物质(如盐酸、氯化钠、乙二醇)以 45~70bbl/min 的速度泵入地层(Fisher 等,2004)。同时,可以采用微地震技术来监测施工过程。

4.6.2 油藏建模

油藏模拟是模拟页岩气储层水力裂缝和气体流动的有效方法,使我们能够对页岩气藏水力压裂水平井动态进行评价。

为了建立模型,选取了 Barnett 油藏的一个单水平井区块,区块的长度、宽度和高度分别为 3000ft、1500ft 和 300ft。将该区块划分为 600 个网格单元(40×15×1)。水平井位于区块中心(单元 1、8、1),覆盖整个区块长度。该井为水力压裂井,允许气体流入井内(图 4.66)。最小井底压力设定为 1500psi。模型中使用的岩石和流体属性由参考文献(Yu 等,2014)给出,并总结于表 4.28 中。在 Barnett 页岩气藏储层建模中,考虑了基质和裂缝两种介质,并将两种不同的岩石属性分配给这两个区域。

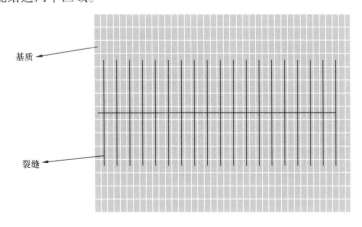

图 4.66 Barnett 页岩气藏建模中的裂缝(X,Y 视图)

表4.28　Barnett 页岩气藏信息

参数	数值
初始储液罐压力(psi)	3800
井底压力(psi)	1500
温度(℉)	180
气体黏度(cP)	0.02
储层深度(ft)	8000
岩石压力梯度(psi/ft)	0.54
页岩(基质)渗透率(nD)	100
页岩孔隙度(f)	0.04
页岩压缩性(1/psi)	1×10^{-6}
初始含气饱和度(f)	0.70
断裂高度(ft)	300
裂缝间距(ft)	100

由于裂缝中存在气体的高速流动,模型中考虑了非达西流动。我们在这里考虑的非达西特征是采用了 Forchheimer 校正(Zeng 和 Grigg,2005),它考虑了高渗透裂缝中可能出现的高速非达西效应:

$$\frac{\mathrm{d}p}{\mathrm{d}x} = \left(\frac{\mu}{KK_r A}\right)q + \beta\rho\left(\frac{q}{A}\right)^2 \tag{4.13}$$

式中,q 为体积流量,K 为岩石渗透率,K_r 为相对渗透率,A 为流动发生的横截面积,μ 为流体黏度,ρ 为流体密度,β 为 Forchheimer 参数。

在油藏模拟器中,Forchheimer 参数 β 是采用 Forchheimer 单位的输入值:$1F = 1\,atm \cdot s^2 \cdot g^{-1}$。另外一种 β 的单位可通过 $1F = 1.01325 \times 10^6\,cm^{-1}$ 获得。

因此,$\beta = 10^7\,cm^{-1} = 10F$。通过计算得到区块中的天然气储量为 $6158 \times 10^6\,ft^3$。

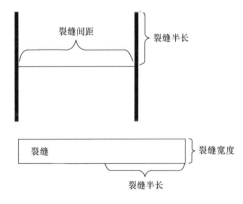

图4.67　裂缝半长、裂缝间距和裂缝宽度

4.6.3　不确定性参数

裂缝半长和裂缝导流能力(裂缝宽度乘以裂缝渗透率)是裂缝的两个重要性质,如图4.67所示。在页岩气储层建模中,建立的裂缝属性是不确定的。

页岩(基质)的渗透性和压缩性在水平井水力压裂措施中起着重要作用。利用高压高温气驱装置,可以对非达西流动方程中的 Forchheimer 参数 β 进行实验测定。由于没有对 Barnett 页岩的实验研究,我们认为 Forchheimer 参数 β 是一个不确定的参数。表4.29列出了本案例研究中的五个不确定参数。

表 4.29 **Barnett 页岩气研究中的不确定参数**

参数	符号	低值	中值	高值
裂缝传导率(mD·ft)	F_{CD}	0.1	1	10
裂缝半长(ft)	X_f	300	500	700
页岩渗透率(mD)	K_m	0.00001	0.0001	0.001
页岩压缩性(1/psi)	C_F	1×10^{-6}	2×10^{-6}	3×10^{-6}
非达西流系数(F)	β	20	60	100

4.6.4 实验设计

选择两级 Plackett – Burman 设计来找出对 Barnett 页岩气产能影响最大的参数。这里选择五年后的总产气量(FGPT)作为气藏产能的衡量参数(响应函数)。考虑到以上五个参数的不确定性和两级 Placket – Burman 设计,需要对 13 个例子进行研究。表 4.30 列出了 13 个例子的参数和生产五年后的产气量。在这个设计中,"编号 6"的五个不确定参数处于中间值。这个例子的油藏模型如图 4.68 所示。图 4.69 显示了产气五年后模型中的压力变化。

表 4.30 **Barnet 页岩气研究的 Plackett – Burman 设计**

编号	C_F(1/psi)	F_{CD}(mD·ft)	K_m(mD)	β(F)	X_f(ft)	FGPT($10^6 ft^3$)
1	1×10^{-6}	0.1	0.001	100	700	1118
2	3×10^{-6}	10	0.00001	100	300	187
3	1×10^{-6}	10	0.00001	20	300	192
4	3×10^{-6}	10	0.00001	100	700	331
5	1×10^{-6}	0.1	0.00001	20	300	166
6	2×10^{-6}	10	0.0001	60	300	757
7	1×10^{-6}	0.1	0.00001	100	700	251
8	3×10^{-6}	0.1	0.00001	20	700	274
9	3×10^{-6}	0.1	0.001	100	300	959
10	1×10^{-6}	10	0.001	20	700	1617
11	3×10^{-6}	0.1	0.001	20	300	1104
12	1×10^{-6}	10	0.001	100	300	1054
13	3×10^{-6}	10	0.001	20	700	1621

通过参数间相互作用的线性回归,找出响应函数(FGPT)与独立因子之间的关系。

$$FGPT = b_0 + b_1 K_m + b_2 MY + b_3 KF + b_4 \beta + b_5 K_m \beta \qquad (4.14)$$

其中,$b_0 = 740884$、$b_1 = 505926$、$b_2 = 112773$、$b_3 = 77985$、$b_4 = -89513$、$b_5 = -48620$。

图 4.70 展示了基于线性回归的预测 FGPT 与实际 FGPT。结果表明,基质渗透率(K_m)、裂缝半长(X_f)、裂缝导流能力(F_{CD})和非达西流动系数(β)是影响 FGPT 的主要因素。图 4.71 以 Pareto 图的形式说明了这种依赖关系。

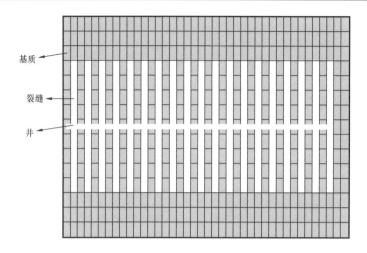

图 4.68 "编号 6"算例的油藏模型

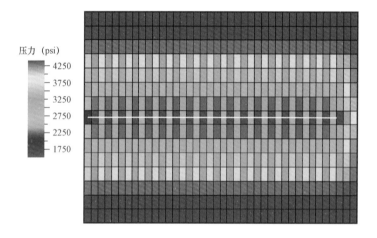

图 4.69 产气 5 年后井周围及裂缝压力变化

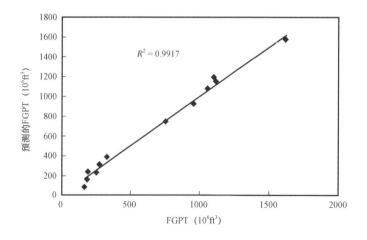

图 4.70 使用线性回归法预测的 FGPT 与实际的 FGPT

在确定了影响气田产气量的最主要参数后,重复实验设计,预测了生产 10 年后的气田动态。为此,选取了基质渗透率(K_m)、裂缝半长(X_f)、裂缝导流能力(F_{CD})和非达西流动系数(β)四个不确定参数的三级非正交超立方体设计,设计见表 4.31。第十年末天然气总产量(FGPT)见表 4.31 的最后一列,该值范围从 $379 \times 10^6 \mathrm{ft}^3$ 到 $2194 \times 10^6 \mathrm{ft}^3$。为了识别预测天然气产量中的风险,进行了 1000 次蒙特卡洛模拟。为了进行蒙特卡洛模拟,应规定各参数的分布规律。在本研究中,规定了裂缝导流能力、基质渗透性和非达西流动系数为三角形分布。裂缝半长的分布被定义为正态分布。1000 次蒙特卡洛模拟的结果如图 4.72 所示,得出 FGPT 最可能的值是 $1300 \times 10^6 \mathrm{ft}^3$。

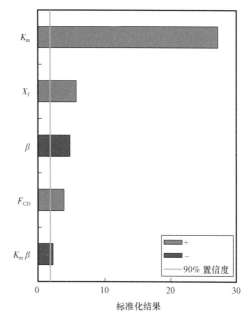

图 4.71 Pareto 图显示不同参数对 FGPT 的影响

表 4.31 四参数三级非正交超立方体设计

编号	F_{CD}(mD·ft)	K_m(mD)	X_f(ft)	β(F)	FGPT(10^6ft^3)
1	0.422	0.001000	700	50	2092
2	0.133	0.000032	700	65	945
3	0.178	0.000075	300	40	1011
4	0.237	0.000178	500	100	1247
5	3.162	0.000750	500	30	2194
6	10.000	0.000042	500	85	1079
7	1.778	0.000024	700	45	1166
8	1.334	0.000562	700	95	1708
9	1.000	0.000100	500	60	1381
10	2.371	0.000010	300	70	379
11	7.499	0.000316	300	55	1554
12	5.623	0.000133	700	80	1445
13	4.217	0.000056	500	20	1486
14	0.316	0.000013	500	90	586
15	0.100	0.000237	500	35	1351
16	0.562	0.000422	300	75	1479
17	0.750	0.000018	500	25	810

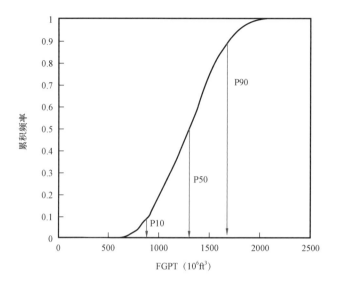

图 4.72　蒙特卡洛模拟结果

4.7　案例分析 6

如今，全球平均原油采收率已从 20 世纪 80 年代的 20% 上升至 35%（Eni，2012）。这种增加主要是通过降低了油藏中油的黏度，或通过溶剂萃取油，或通过改变岩石与储层流体之间的相互作用实现的，这些提高原油采收率的技术称为提高采收率技术。提高采收率的方法可以增加数百亿桶原油，采收率提高 1% 相当于世界石油一年或两年的产量（Eni，2012）。因此，提高采收率是保护有限能源的重要措施。

在提高采收率的策略中，应强调提高微观驱油效率和宏观波及系数，将实验室规模的结果扩大到油藏规模，并通过油藏建模和模拟来评估整个油田的提高采收率效果。挪威国家 IOR中心提出了一项成功的提高采收率技术需要开展的七项工作：(1) 岩心尺度研究（模拟岩心尺度实验中观察到的流动机理）；(2) 纳米尺度研究（观察任何矿物流体反应，如纳米尺度的润湿性变化）；(3) 孔隙尺度研究（研究单个孔隙中岩石—流体相互作用和润湿性的变化）；(4) 粗化（研究通过实验室尺度上得到的重要参数来描述储层尺度流体流动）；(5) 井间示踪剂注入（油田尺度上说明波及效率）；(6) 油藏模拟；(7) 油田尺度的评估和历史拟合（The National IOR Centre of Norway，2014）。

由于提高采收率的重要性，本书的第六个案例研究强调了混相气水交替（WAG）注入技术。在这种提高采收率的方法中，注水和注气交替进行一段时间，以提供更好的微观驱油效率，并减少从注入井到生产井的气窜发生。

4.7.1　混相 WAG 注入

第六个案例研究考虑了深度为 8325ft 的 3500ft×3500ft×100ft 油藏（Killough 和 Kossack，1987）。储层由三个地质小层组成，各层厚度、孔隙度和渗透率见表 4.32。对岩心进行特殊岩心分析（SCAL），以确定相对渗透率数据和毛细管压力数据，结果如图 4.73 所示。储层流体是一种欠饱和的挥发油,含有 50% 的 C_1、3% 的 C_3、7% 的 C_6、20% 的 C_{10}、15% 的 C_{15} 和 5% 的 C_{20}。储罐条件下的油、气和水密度分别为 38.53lb/ft^3、0.06864lb/ft^3 和 62.4lb/ft^3。油藏温度为 160℉,油藏温度下的油藏饱和压力为 2302.3psi。其他 PVT 实验(等组分膨胀实验和差异分离实验)的结果见表 4.33 和表 4.34。在储层顶部部署一口注入井进行气水交替注入,油在储层底部通过生产井产出。注入气体含有 77% 的 C_1、20% 的 C_3 和 3% 的 C_6。希望在最小混相压力下注入气体以获得最大的微观驱油效率。生产井的最大产油量设定为 12000bbl/d。

表 4.32　储层岩石数据

层位	水平渗透率(mD)	垂直渗透率(mD)	层厚(ft)	孔隙度(f)
1	500	50	20	0.3
2	50	50	30	0.3
3	200	25	50	0.3

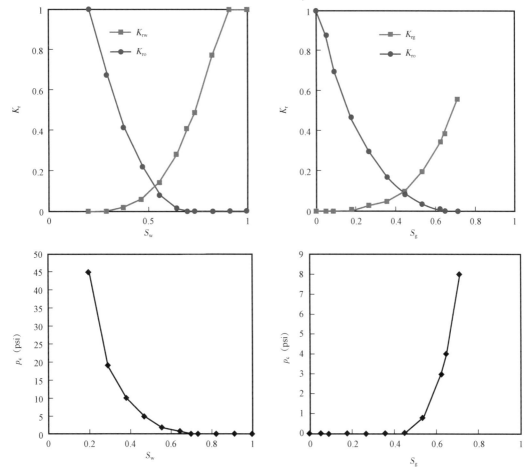

图 4.73　第六个案例研究的相对渗透率数据和毛细管压力数据

表 4.33　160°F下的等组分膨胀

压力(psi)	4800	4500	4000	3500	3000	2500	2302.3
相对油量	0.9613	0.9649	0.9715	0.9788	0.9869	0.996	1
压力(psi)	2000	1800	1500	1200	1000	500	14.7
相对油量	1.0668	1.1262	1.2508	1.4473	1.6509	2.9317	164.088

表 4.34　160°F下的差异分离实验

压力(psi)	油体积系数 [bbl(油藏)/bbl(地面)]	溶解气油比 (ft³/bbl)	油相对密度	天然气体积系数 [ft³(油藏)/ft³(地面)]	油黏度(cP)
4800	1.2506	572.8	0.5628		0.208
4500	1.2554	572.8	0.5607		0.272
4000	1.2639	572.8	0.5569		0.265
3500	1.2734	572.8	0.5527		0.253
3000	1.2839	572.8	0.5482		0.24
2500	1.2958	572.8	0.5432		0.227
2302.3	1.301	572.8	0.541	0.907	0.214
2000	1.26	479	0.549	0.851	0.208
1800	1.235	421.5	0.5541	0.7352	0.224
1500	1.1997	341.4	0.5617	0.6578	0.234
1200	1.1677	267.7	0.569	0.5418	0.249
1000	1.1478	222.6	0.5738	0.4266	0.264
500	1.1017	117.6	0.5853	0.3508	0.274
14.7	1.0348	0	0.5966	0.1688	0.295

4.7.2　油藏建模

上一节描述的油藏划分为 147 个网格单元(7×7×3),如图 4.74 所示。利用黑油模拟器进行油藏模拟。该油藏建模的一项主要内容是生成黑油 PVT 属性,因此采用前一节中介绍的 Peng – Robinson 立方状态方程[式(4.1)]进行 PVT 参数模拟。应用自适应最小二乘法的回归技术,将实验数据与状态方程的预测结果之差降至最小,如式(4.2)。选择烃类二元交互作用系数、临界体积、临界温度、偏心因子、C_{20} 组分的 Ω_A 和 Ω_B 以及 C_{15} 组分的 Ω_A 和 Ω_B 作为回归参数,结果如图 4.75 所示。调整状态方程后,生成用于黑油模拟的油气 PVT 属性,见表 4.35。

由于要求在最小混相压力(MMP)下注入天然气,因此油藏建模的下一阶段是评价 MMP。最小混相压力(MMP)是指在恒定的温度和组成下,可以达到混相的最低的压力,它是油藏油、注入气体成分和油藏温度的函数(Danesh,1998)。

有三种方法可以用来估计 MMP:实验室方法(细管实验,上升气泡实验,接触实验),基于状态方程的相态特征计算,和基于实验的经验关系式(Danesh,1998)。

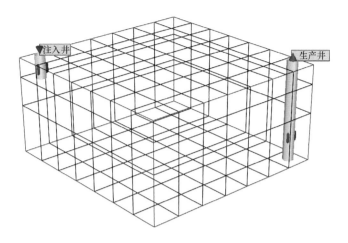

图 4.74　油藏的三维网格单元

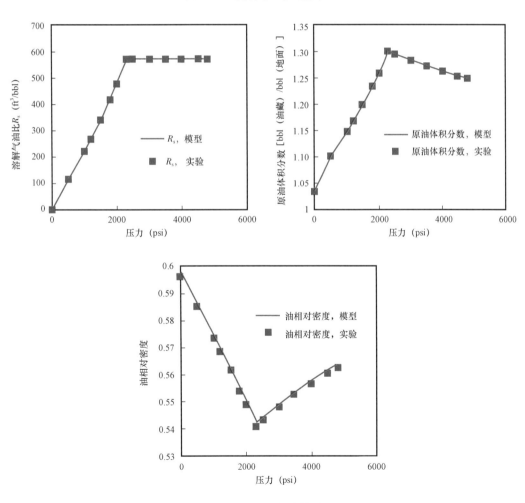

图 4.75　PVT 拟合结果

表 4.35 黑油 PVT 数据

压力(psi)	气体体积系数[bbl(油藏)/10³ft³]	气体黏度(cP)
14.7	223.214	0.011
500	5.6022	0.012
1000	2.531	0.013
1200	2.0354	0.014
1500	1.5593	0.016
1800	1.2657	0.018
2000	1.1296	0.019
2302.3	0.9803	0.022
2500	0.9085	0.023
3000	0.7807	0.027
3500	0.6994	0.031
4000	0.643	0.034
4500	0.6017	0.037
4800	0.5817	0.038

溶解气油比 R_s(10³ft³/bbl)	压力(psi)	油体积系数[bbl(油藏)/bbl(地面)]	油黏度(cP)
0	14.7	1.0348	0.31
0.1176	500	1.1017	0.295
0.2226	1000	1.1478	0.274
0.2677	1200	1.1677	0.264
0.3414	1500	1.1997	0.249
0.4215	1800	1.235	0.234
0.479	2000	1.26	0.224
0.5728	2302.3	1.301	0.208
0.5728	3302.3	1.2988	0.235
0.5728	4302.3	1.2966	0.26
0.6341	2500	1.3278	0.2
0.7893	3000	1.3956	0.187
0.9444	3500	1.4634	0.175
1.0995	4000	1.5312	0.167
1.2547	4500	1.5991	0.159
1.3478	4800	1.6398	0.155
1.3478	5500	1.6305	0.168

在这个案例研究中,使用两种方法评估 MMP,然后比较结果。第一种方法是使用多组分储层流体的三元相图。三元相图用轻、中、重三种拟组分表示储层流体。在这种方法中,当组

分路径通过临界连接线时,可实现混相性(Danesh,1998)。C_1设为轻组分,C_3和C_6设为中间组分,C_{10}、C_{15}和C_{20}设为重组分(图4.76)。

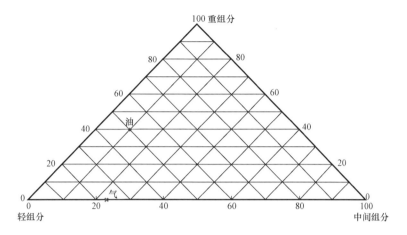

图4.76　第六个案例研究的三元图

　　然后选择2300psi到3800psi的范围来估计MMP。在储层温度为160℉,压力在上述范围内的情况下,用调和的Peng-Robinson状态方程在三元图上绘制相图。在每个压力下,绘制一条临界连接线,并与混相性标准进行比较。重复该步骤,直到达到混相。结果表明,最小混相压力为3463psi(图4.77)。

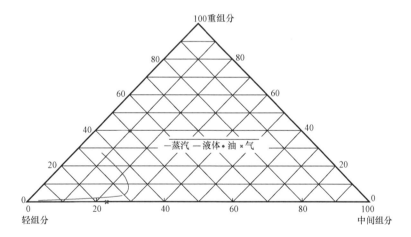

图4.77　3463psi下的相图

　　下一种方法是Wang和Orr(1997)提出的MMP的解析计算方法。该方法应用多组分注气一维驱油分析理论,对最小混相压力进行了估算。在没有分散的情况下,驱替完全由一系列关键的联络线控制:这些联络线延伸至原始油组分(初始联络线)、注入气组分(注入联络线)和nc-3联络线(称为交叉联络线)。如果任何一个关键的联络线成为临界联络线,则会发生多次接触混相。因此,MMP的计算是寻找任何一条关键联络线成为临界联络线的最低压力。通过这种方法估计的MMP为2900psi。表4.36显示了2900psi时关键联络线上的油摩尔分数、天然气摩尔分数和K值。

表 4.36 2900psi 和 160℉下多次接触混相性研究总结

关键联络线上的油摩尔分数						
关键联络线	C_1	C_3	C_6	C_{10}	C_{15}	C_{20}
原油	0.580117	0.027329	0.059534	0.166886	0.124629	0.041505
交叉 1	0.574377	0.270487	0.027923	0.067333	0.045566	0.014314
交叉 2	0.658109	0.241344	0.06236	0.022157	0.01283	0.0032
交叉 3	0.575341	0.268566	0.081136	0	0.059701	0.015255
原生气	0.544021	0.276485	0.08748	0	0	0.092013
关键联络线上的气体摩尔分数						
关键联络线	C_1	C_3	C_6	C_{10}	C_{15}	C_{20}
原油	0.971233	0.014288	0.008443	0.005229	0.00077	0.000036
交叉 1	0.777082	0.197218	0.010302	0.011452	0.003514	0.000432
交叉 2	0.687431	0.230589	0.053993	0.0170155	0.00889	0.001943
交叉 3	0.749428	0.207279	0.035424	0	0.007043	0.000825
原生气	0.764323	0.201921	0.031444	0	0	0.002311
关键联络线上的 K 值						
关键联络线	C_1	C_3	C_6	C_{10}	C_{15}	C_{20}
原油	1.674202	0.522831	0.141823	0.03133	0.006182	0.000874
交叉 1	1.352913	0.72912	0.368963	0.170078	0.077122	0.030181
交叉 2	1.044554	0.955436	0.865828	0.774247	0.692921	0.606978
交叉 3	1.302581	0.7718	0.436599	1	0.117974	0.054102
原生气	1.404951	0.730315	0.359441	1	1	0.02512

一项细管实验的结果表明最小混相压力在 3000 ~ 3200psi 之间(Killough 和 Kossack，1987)。

4.7.3 不确定参数

在本研究中,我们选取了六个不确定参数,并推测它们可能会影响 WAG 注入的效果:最小混相压力(MMP)、WAG 比、注气压力(p_w)、注水压力(p_w)、WAG 循环周期和原生水饱和度(S_{wi})。表 4.37 表示了这些不确定性的范围。

表 4.37 不确定参数及其范围

参数	低值	中值	上限值
MMP(psi)	2900	3200	3500
WAG	2	3.5	5
p_g(psi)	4000	4500	4800
p_w(psi)	4000	4500	4800
周期(mon)	2	3	4
S_{wi}	0.2	0.25	0.3

4.7.4　实验设计

为了筛选对 WAG 注入效果影响最大的参数(注入 10 年后的采出程度),采用了两级 Plackett – Burman 设计(表 4.38)。

表 4.38　Plackett – Burman 设计

编号	MMP(psi)	WAG 比	p_g(psi)	p_w(psi)	周期(mon)	S_{wi}
1	2900	2	4800	4800	4	0.2
2	3500	5	4000	4800	2	0.2
3	2900	5	4000	4000	2	0.3
4	3500	5	4000	4800	4	0.2
5	2900	2	4000	4000	2	0.2
6	3200	3	4400	4400	3	0.25
7	2900	2	4000	4800	4	0.3
8	3500	2	4000	4000	4	0.3
9	3500	2	4800	4800	2	0.3
10	2900	5	4800	4000	4	0.2
11	3500	2	4800	4000	2	0.2
12	2900	5	4800	4800	2	0.3
13	3500	5	4800	4800	4	0.3

图 4.78 展示了注入 WAG10 年后的原油采出程度。最小和最大采出程度分别为 Run8 和 Run12。

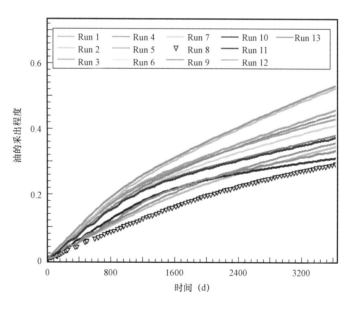

图 4.78　注入 10 年的原油采出程度

然后根据参数间相互作用的线性回归来确定最有影响的参数,原油采收率(FOE)与最有影响参数之间关系如下:

$$FOE = 0.401 - 0.0513MMP + 0.0473p_w + 0.0228S_{wi}$$

$$+ 0.0136MMP \cdot p_g + 0.0126p_g - 0.067MMP \cdot S_{wi} \tag{4.15}$$

图 4.79 展示了基于公式(4.13)的预测 FOE 和实际 FOE。图 4.80 为判断最有影响参数的 FOE Pareto 图。Pareto 图表明,在这 6 个不确定参数中,最小混相压力(MMP)、注水和注气压力(p_w 和 p_g)和原生含水饱和度(S_{wi})4 个参数对 WAG 的采出程度影响最大,最小混相压力是最有影响的参数。

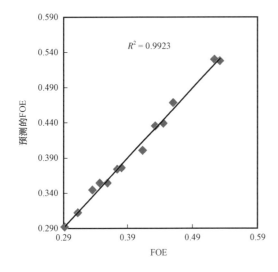

图 4.79　根据公式(4.13)预测的 FOE 与实际的 FOE

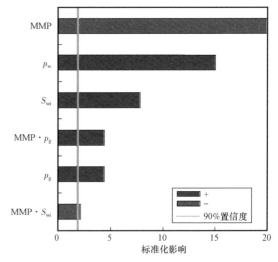

图 4.80　原油采出程度的 Pareto 图

为了预测未来五年 WAG 注入的动态,选择了三级 Box – Behnken 设计。这个设计需要运行 27 个例子。表 4.39 列出了设计参数和每种情况下的油藏的采出程度。

表 4.39　Box – Behnken 设计

编号	MMP(psi)	p_g(psi)	p_w(psi)	S_{wi}	15 年后的 FOE
1	3200	4000	4800	0.25	0.58
2	3500	4000	4400	0.25	0.41
3	3200	4400	4400	0.25	0.52
4	3200	4000	4000	0.25	0.45
5	3200	4000	4400	0.30	0.53
6	2900	4400	4400	0.20	0.54
7	3200	4800	4000	0.25	0.46

编号	MMP(psi)	p_g(psi)	p_w(psi)	S_{wi}	15 年后的 FOE
8	3200	4400	4000	0.20	0.42
9	2900	4400	4400	0.30	0.61
10	2900	4800	4400	0.25	0.59
11	3200	4800	4400	0.20	0.49
12	2900	4000	4400	0.25	0.58
13	3200	4800	4800	0.25	0.60
14	3500	4400	4400	0.20	0.43
15	3200	4000	4400	0.20	0.48
16	3200	4400	4800	0.30	0.62
17	3500	4400	4400	0.30	0.49
18	3200	4800	4400	0.30	0.56
19	3200	4400	4400	0.25	0.52
20	3500	4400	4000	0.25	0.40
21	3500	4800	4400	0.25	0.47
22	2900	4400	4000	0.25	0.51
23	3200	4400	4000	0.30	0.49
24	3500	4400	4800	0.25	0.53
25	2900	4400	4800	0.25	0.66
26	3200	4400	4800	0.20	0.55
27	3200	4400	4400	0.25	0.52

采用考虑参数间相互作用的线性回归进行响应面建模,原油采出程度与四个不确定参数之间的关系如下:

$$FOE = 0.5191 + 0.068p_w - 0.064MMP + 0.033S_{wi} + 0.009p_g + 0.015MMP \cdot p_g$$

$$(4.16)$$

三维图中的响应面如图 4.81 所示。

然后,应用具有 1000 个"实现"的蒙特卡洛模拟来识别注入 WAG 15 年后预测的原油采出程度。MMP、p_w、p_g 和 S_{wi} 设置为三角形分布。蒙特卡洛模拟的结果如图 4.82 所示,基于蒙特卡洛模拟,15 年后采出程度最可能的值为 0.53。

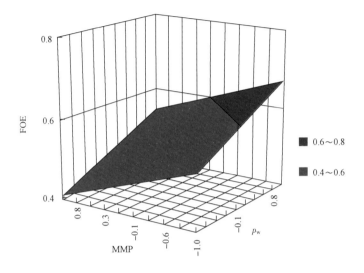

图 4.81 原油采收率响应面

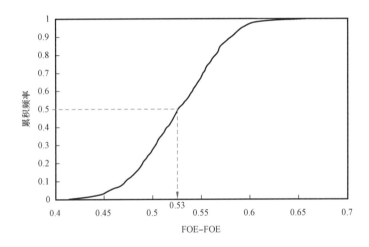

图 4.82 蒙特卡洛模拟总结

参 考 文 献

Ahmed T, Meehan, T, 2011. Advanced Reservoir Management and Engineering. Gulf Professional Publishing Company, Houston, Texas.

Amaefule J O, Altunbay M, Tiab J, et al. Enhanced Reservoir Description: Using Core and Log Data to Identify Hydraulic (Flow) Units and Predict Permeability in Uncored Intervals/Wells. Paper SPE 26436 presented at the 68th Annual Technical Conference and Exhibition of the Society of Petroleum Engineers held in Houston. Texas, 3 – 6 October 1993.

Amyx J W, Bass J D, Whiting R, 1960. Petroleum Reservoir Engineering: Physical Properties. McGraw – Hill, New York, NY.

Antony J. 2003. Design of Experiments for Engineers and Scientists. Butterworth – Heinemann, Oxford.

Aziz Khalid D L, Tchelepi H A. 2005. Notes on Reservoir Simulation. Stanford University, Stanford, CA.

Baldwin D E. 1969. A Monte Carlo Model for Pressure Transient Analysis. Paper SPE 2568 presented at 1969 SPE Annual Meeting, Denver, 28 September – 1 October.

Bear J. 1972. Dynamics of Fluids in Porous Media. Dover Publications.

Butler R M. 1982. Method for Continuously Producing Viscous Hydrocarbons by Gravity Drainage While Injecting Heated Fluids, US Patent No. 4,344,485.

Caers J. 2005. Petroleum Geostatistics. Society of Petroleum Engineers, Richardson, Texas.

Chen Z. 2007. Reservoir Simulation Mathematical Techniques in Oil Recovery. Society for Industrial and Applied Mathematics, SIAM.

Chen H S, Stadtherr M A. 1981. A modification of powell's dogleg method for solving systems of nonlinear equations. Comp. Chem. Eng. 5 (3), 143 – 150.

Cheong Y P Gupta R. 2005. Experimental design and analysis methods for assessing volu – metric uncertainties. SPE J. 324 – 335.

Christiansen R L. 2001. Two – Phase Flow Through Porous Media: Theory, Art and Reality of Relative Permeability and Capillary Pressure. Colorado KNQ Engineering.

Chueh P L, Prausnitz J M. 1967. Vapor – Liquid Equilibria at high pressures: calculation of partial molar volumes in nonpolar liquid mixtures. AIChE J. 13 (6), 1099 – 1107.

Coats K H, Smart G T. 1986. Application of a regression – based EOS PVT program to lab – oratory data. SPE Reservoir Eng. 1 (3), 277 – 299.

Computer Modelling Group, Ltd. (CMG), 2011. STARS Advanced Processes and Thermal

Reservoir Simulator. Available at: ,www. cmgl. ca.

Corre B, Thore P, de Feraudy V, et al. Integrated Uncertainty Assessment for Project Evaluation and Risk Analysis, paper SPE 65205, presented at SPE European Petroleum Conference, Paris, France, 24 – 25 October 2000.

Dake L P. 1978. Fundamentals of Reservoir Engineering. Elsevier, Amsterdam.

Danesh A. 1998. PVT and Phase Behavior of Petroleum Reservoir Fluids. Elsevier, Oxford.

Davis J C. 2002. Statistics and Data Analysis in Geology. John Wiley and Sons, New York.

Dennis Jr, J E, Gay D M, Welsch, R E, 1981. An adaptive nonlinear least – squares algo – rithm. ACM Trans. Math. Software. 7 (3): 348 – 368.

Deutsch C V, Journel, A G, 1992. GSLIB: Geostatistical Software Library and User's Guide. Oxford University Press, Oxford.

Dietrich P, Helmig R, Sauter M,et al. 2005. Flow and Transport in Fractured Porous Media. Springer.

Dujardin B O, Matringe S F. Practical Assisted History Matching and Probabilistic Forecasting Procedure: A West Africa Case Study, SPE 146292, SPE Annual Technical Conference and Exhibition, Denver, Colorado, USA, 30 October – 2 November 2011.

Dake L P. 1978. Fundamentals of Reservoir Engineering. Elsevier, Amsterdam.

Danesh A. 1998. PVT and Phase Behavior of Petroleum Reservoir Fluids. Elsevier, Oxford.

Davis J C. 2002. Statistics and Data Analysis in Geology. John Wiley and Sons, New York.

Dennis Jr, J E, Gay D M, Welsch R E. 1981. An adaptive nonlinear least – squares algo – rithm. ACM Trans. Math. Software. 7 (3), 348? 368.

Deutsch C V, Journel A G. 1992. GSLIB: Geostatistical Software Library and User's Guide. Oxford University Press, Oxford.

Dietrich P, Helmig R, Sauter M,et al. 2005. Flow and Transport in Fractured Porous Media. Springer.

Dujardin B O, Matringe S F. 2011. Practical Assisted History Matching and Probabilistic Forecasting Procedure: A West Africa Case Study, SPE 146292, SPE Annual Technical Conference and Exhibition, Denver, Colorado, USA, 30 October – 2 November 2011.

ECLIPSE, a Black – Oil Reservoir Simulator, Schlumberger Company, 2011. Available from: ,www. slb. com. .

Eni Innovation & Technology. 2012. Available from: ,www. eni. com. .

Ertekin T, Abou – Kassem J, King G R. 2001. Basic Applied Reservoir Simulation. Turgay; SPE Testbook Series.

Fanchi J R. 2010. Integrated Reservoir Asset Management. Gulf Professional Publishing Company, Houston, Texas.

Feng Z. 2013. The Impact of the Changing Global Energy Map on Geopolitics of the World. China – United States Exchange Foundation. Retrieved 15. 05. 2013.

Fisher M K, Heinze J R, Harris C D,et al. 2004. Optimizing horizontal completion techniques in the Barnett Shale using microseismic fracture mapping: Proceedings of the Society of Petroleum Engineers Annual Technical Conference, Houston, Texas, SPE Paper 90051.

Friedmann F, Chawathe A, Larue D K. 2011. Assessing Uncertainty in Channelized Reservoirs Using Experimental Designs, paper SPE 71622 presented at the 2001 Annual Technical Conference and Exhibition, New Orleans, 30 September – 3 October.

Gad S C. 2006. Statistics and Experimental Design for Toxicologists and Pharmacologists. Taylor & Francis.

Gilman J R, Brickey R T, Red M M. Monte Carlo Techniques for Evaluating Producing Properties, paper SPE 39925 presented at the 1998 SPE Rocky Mountain Regional Low Permeability Reservoirs Symposium, Denver, 5 – 8 April.

Harris D G. 1975. The role of geology in reservoir simulation studies. J. Petroleum Technol. 625 – 632.

IHS Energy, IHS WellTest software, 2014. Available from: ,https://www. ihs. com/products/ welltest – oil – reserve – pta – software. html. .

Islam M R, Mousavizadegan S H, Shabbir M,et al. 2007. Advanced Petroleum Reservoir Simulation. McGraw Hill Publishing, New York.

Kazemi H. 1976. Numerical simulation of water – oil flow in naturally fractured reservoirs. SPE 5719, SPEJ. 317 – 326.

Kelkar M, Perez G. 2002. Applied Geostatistics for Reservoir Characterization. Society of Petroleum Engineers, Richardson, Texas.

Khosravi M, Rostami B, Fatemi. 2012. Uncertainty analysis of a fractured reservoir's performance: a case study. Oil Gas Sci. Technol. 67 (3), 423 – 433.

Killough J E. 9th SPE Comparative Solution Project: A Reexamination of Black – Oil Simulation, Paper SPE 29110 presented at the 13th SPE Symposium on Reservoir Simulation held in San Antonio, TX, 12 – 15 February 1995.

Killough J E, Kossack C A. Fifth SPE Comparative Solution Project: Evaluation of Miscible Flood Simulators, Society of Petroleum Engineers 16000 paper presented at the Ninth SPE Symposium on Reservoir Simulation held in San Antonio, TX, 1 – 4 February 1987.

King P R. 1996. Upscaling permeability: error analysis for renormalization. Trans. Porous

Media. 23, 337 – 354.

Kleppe J. 2004. Lecture Notes on Reservoir Simulation. Course presented at Department of Petroleum Engineering and Applied Geophysics, Norwegian University of Science and Technology.

Lake, L W, Carroll Jr H B. 1986. Reservoir Characterization. Academic Press, Orlando.

Lazić Z R, 2004. Design of Experiments in Chemical Engineering. Wiley – VCH, New York.

Mattax C C, Dalton R L. 1989. Reservoir Simulation, SPE Monograph Series.

Middle East Well Evaluation Review. 1997. Carbonates: The Inside Story, Middle East & Asia Reservoir Review, 18.

Montgomery D C. 2001. Design and Analysis of Experiments. John Wiley and Sons Inc. , New York.

Murtha J A. Infill Drilling in the Clinton: Monte Carlo Techniques Applied to the Material Balance Equation, paper SPE 17068 presented at the 1987 SPE Eastern Regional Meeting, Pittsburgh, 21 – 23 October.

Murtha J A. Incorporating Historical Data in Monte Carlo Simulation, paper SPE 26245 pre – sented at the 1993 SPE Petroleum Computer Conference, New Orleans, 11 – 14 July.

The National IOR Centre of Norway. 2014. Available from: ,www. uis. no/getfile. php/ Admin – Kategorivisningsmaler/NationalIORCentreFinalNRF. pdf. .

NIST Information Technology Laboratory. 2012. NIST/SEMATECH e – Handbook of Statistical Methods. Available from: ,www. itl. nist. gov/div898/handbook/pri/section3/ pri335. htm. .

Odeh A. 1982. An overview of mathematical modeling of the behavior of hydrocarbon reservoirs. SIAM Rev. 24 (3), 263.

OPEC Share of World Oil Reserves 2013. OPEC, 2014. Available at: ,http://www. opec. org/ opec_web/en/data_graphs/330. htm. .

Pawar R J, Tartakovsky D M. Propagation of measurement errors in reservoir modeling,

Proceeding of the XIII International Conference on Computational Methods in Water Resources, Calgary, Canada, 25 – 29 June 2000.

Peake W T, Abadah M, Skander L. Uncertainty Assessment Using Experimental Design: Minagish Oolite Reservoir, SPE 91820, Reservoir Simulation Symposium, Houston TX, 31 January – 2 February 2005.

Peng D – Y, Robinson D B. 1976. A new two – constant equation of state. Ind. Eng. Chem.

Fundam. 15, 59 – 64.

Peng D – Y, Robinson D B. 1977. A rigorous method for predicting the critical properties of multicomponent systems from an equation of state. AIChE J. 23, 137 – 144.

Portella R C M, Salomao M C, Blauth M, et al. Uncertainty Quantification to Evaluate the Value of Information in a Deepwater Reservoir, paper SPE 79707 pre – sented at the 2003 SPE Reservoir Simulation Symposium, Houston, 3 – 5 February.

Powell Barnett Shale Newsletter. 2008. A History and Overview of the Barnett Shale. Available at: , http:// www. barnettshalenews. com.

Reese J L. 2007. Simulating Gas Production from Hydraulic Fracture Networks: A Case

Study of the Barnett Shale, M. S. E. , The University of Texas at Austin.

Rietz D, Palke M. 2001. History matching helps validate reservoir simulation models. Oil

Gas J. December 24. Available at: ,http://www. ogj. com/articles/print/volume – 99/issue – 52/drilling – produc-tion/history – matching – helps – validate – reservoir – simulation – models. html.

Santner T J, Williams B J, Notz W I. 2003. The Design and Analysis of Computer Experiments. Springer – Verlag, New York.

Sarma D D. 2009. Geostatistics with Application in Earth Sciences. Springer – Verlag, New York.

Satter A, Thakur G C. 1994. Integrated Petroleum Reservoir Management: A Team Approach. PennWell Publishing Company, Tulsa, OK.

Schulze – Riegert R, Ghedan S. Modern Techniques for History Matching, 9th International Forum on Reservoir Sim-ulation, Abu Dhabi, 2007.

Selley R C. 1998. Elements of Petroleum Geology. Academic Press, San Diego, CA.

Sheng J J. 2013. Enhanced Oil Recover Field Case Studies. Elsevier.

Shepard D. A two – dimensional interpolation function for irregularly – spaced data, Proceedings of the ACM National Conference, 1968.

Sobol I M. 1974. The Monte Carlo Method. The University of Chicago Press.

Steppan D D, Werner J, Yeater R P. 1998. Essential Regression and Experimental Design for Chemists and Engi-neers. Available from: ,http://www. jowerner. homepage. t – online. de.

Texas Railroad Commission . 2012. Available from: ,http://www. rrc. state. tx. us.

The Perryman Group (TPG). 2007. Barnett Shale Economic Impact Study. Available from:www. perrymangroup. com.

Tiab D, Donaldson E C. 2004. Petrophysics: Theory and Practice of Measuring Reservoir Rock and Fluid Transport Properties. Gulf Professional Company, Houston, TX.

Yu W, Gao B, Sepehrnoori K. 2014. Numerical Study of the Impact of Complex Fracture Patterns on Well Perform-ance in Shale Gas Reservoirs. J. Pet Sci. Res. (JPSR). 3 (2).

Wang Y, Orr Jr, F M. 1997. Analytical calculation of minimum miscibility pressure. Fluid Phase Equilib. J. 139, 101.

Warren J E, Root P J. 1963. The behavior of naturally fractured reservoirs. SPE J. 3 (3), 245 – 255, SPE – 426 – PA.

White C D, Royer S A. Experimental Design as a Framework for Reservoir Studies, paper SPE 79676 presented at the 2003 SPE Reservoir Simulation Symposium, Houston, 3 – 5 February.

White C D, Willis B J, Narayanan K,et al. 2001. Identifying and estimating significant geologic parameters with ex-perimental design. SPEJ. 311.

Wiggins M L, Zhang X. Using PC's and Monte Carlo Simulation to Assess Risks in Workover Evaluations, paper SPE 26243 presented at the 1993 SPE Petroleum Computer Conference, New Orleans, 11 – 14 July.

WinProp, Phase – Behavior and Fluid Property Program, ,www. cmgl. ca. .

Zee Ma Y, La Pointe P. 2011. Uncertainty Analysis and Reservoir Modeling: Developing and Managing Assets in an Uncertain World, AAPG: Tulsa, OK.

Zhang G. 2003. Estimating Uncertainties in Integrated Reservoir Studies. PhD Thesis, Texas A&M University.

Zhangxin C. 2007. Reservoir Simulation Mathematical Techniques in Oil Recovery, Society for Industrial and Applied Mathematics, SIAM.

国外油气勘探开发新进展丛书（一）

书号：3592
定价：56.00元

书号：3663
定价：120.00元

书号：3700
定价：110.00元

书号：3718
定价：145.00元

书号：3722
定价：90.00元

国外油气勘探开发新进展丛书（二）

书号：4217
定价：96.00元

书号：4226
定价：60.00元

书号：4352
定价：32.00元

书号：4334
定价：115.00元

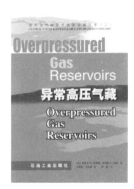

书号：4297
定价：28.00元

国外油气勘探开发新进展丛书（三）

书号：4539
定价：120.00元

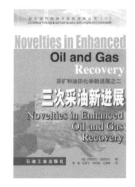

书号：4725
定价：88.00元

书号：4707
定价：60.00元

书号：4681
定价：48.00元

书号：4689
定价：50.00元

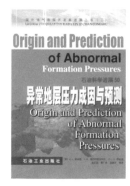

书号：4764
定价：78.00元

国外油气勘探开发新进展丛书（四）

书号：5554
定价：78.00元

书号：5429
定价：35.00元

书号：5599
定价：98.00元

书号：5702
定价：120.00元

书号：5676
定价：48.00元

书号：5750
定价：68.00元

国外油气勘探开发新进展丛书（五）

书号：6449
定价：52.00元

书号：5929
定价：70.00元

书号：6471
定价：128.00元

书号：6402
定价：96.00元

书号：6309
定价：185.00元

书号：6718
定价：150.00元

国外油气勘探开发新进展丛书（六）

书号：7055
定价：290.00元

书号：7000
定价：50.00元

书号：7035
定价：32.00元

书号：7075
定价：128.00元

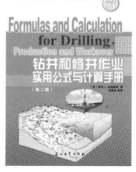

书号：6966
定价：42.00元

书号：6967
定价：32.00元

国外油气勘探开发新进展丛书（七）

书号：7533
定价：65.00元

书号：7802
定价：110.00元

书号：7555
定价：60.00元

书号：7290
定价：98.00元

书号：7088
定价：120.00元

书号：7690
定价：93.00元

国外油气勘探开发新进展丛书（八）

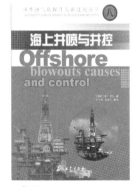

书号：7446
定价：38.00元

书号：8065
定价：98.00元

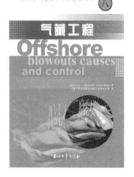

书号：8356
定价：98.00元

书号：8092
定价：38.00元

书号：8804
定价：38.00元

书号：9483
定价：140.00元

国外油气勘探开发新进展丛书（九）

书号：8351
定价：68.00元

书号：8782
定价：180.00元

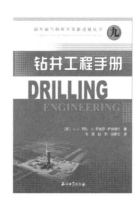

书号：8336
定价：80.00元

书号：8899
定价：150.00元

书号：9013
定价：160.00元

书号：7634
定价：65.00元

国外油气勘探开发新进展丛书（十）

书号：9009
定价：110.00元

书号：9989
定价：110.00元

书号：9574
定价：80.00元

书号：9024
定价：96.00元

书号：9322
定价：96.00元

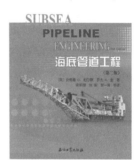

书号：9576
定价：96.00元

国外油气勘探开发新进展丛书（十一）

书号：0042
定价：120.00元

书号：9943
定价：75.00元

书号：0732
定价：75.00元

书号：0916
定价：80.00元

书号：0867
定价：65.00元

书号：0732
定价：75.00元

国外油气勘探开发新进展丛书（十二）

书号：0661
定价：80.00元

书号：0870
定价：116.00元

书号：0851
定价：120.00元

书号：1172
定价：120.00元

书号：0958
定价：66.00元

书号：1529
定价：66.00元

国外油气勘探开发新进展丛书（十三）

书号：1046
定价：158.00元

书号：1167
定价：165.00元

书号：1645
定价：70.00元

书号：1259
定价：60.00元

书号：1875
定价：158.00元

书号：1477
定价：256.00元

国外油气勘探开发新进展丛书（十四）

书号：1456
定价：128.00元

书号：1855
定价：60.00元

书号：1874
定价：280.00元

书号：2857
定价：80.00元

书号：2362
定价：76.00元

国外油气勘探开发新进展丛书（十五）

书号：3053
定价：260.00元

书号：3682
定价：180.00元

书号：2216
定价：180.00元

书号：3052
定价：260.00元

书号：2703
定价：280.00元

书号：2419
定价：300.00元

国外油气勘探开发新进展丛书（十六）

书号：2274
定价：68.00元

书号：2428
定价：168.00元

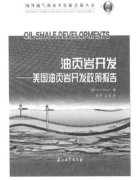

书号：1979
定价：65.00元

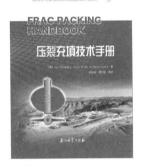

书号：3450
定价：280.00元

书号：3384
定价：168.00元

国外油气勘探开发新进展丛书（十七）

书号：2862
定价：160.00元

书号：3081
定价：86.00元

书号：3514
定价：96.00元

书号：3512
定价：298.00元

书号：3980
定价：220.00元

国外油气勘探开发新进展丛书（十八）

书号：3702
定价：75.00元

书号：3734
定价：200.00元

书号：3693
定价：48.00元

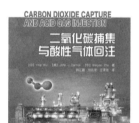

书号：3513
定价：278.00元

书号：3772
定价：80.00元

书号：3792
定价：68.00元

国外油气勘探开发新进展丛书（十九）

书号：3834
定价：200.00元

书号：3991
定价：180.00元

书号：3988
定价：96.00元

书号：3979
定价：120.00元

书号：4043
定价：100.00元

书号：4259
定价：150.00元

国外油气勘探开发新进展丛书（二十）

书号：4071
定价：160.00元

书号：4192
定价：75.00元

国外油气勘探开发新进展丛书(二十一)

书号：4005
定价：150.00元

书号：4013
定价：45.00元

书号：4075
定价：100.00元

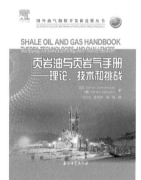

书号：4008
定价：130.00元

国外油气勘探开发新进展丛书(二十二)

书号：4296
定价：220.00元

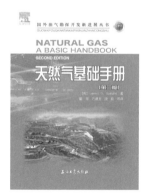

书号：4324
定价：150.00元

书号：4399
定价：100.00元